建筑工程施工信息化技术应用管理研究

子重仁 著

西北工业大学出版社

西安

图书在版编目(CIP)数据

建筑工程施工信息化技术应用管理研究 / 子重仁著
. — 西安：西北工业大学出版社，2021.10
ISBN 978 - 7 - 5612 - 7996 - 0

Ⅰ.①建…　Ⅱ.①子…　Ⅲ.①信息技术-应用-建筑
工程-施工管理-研究　Ⅳ.①TU71 - 39

中国版本图书馆 CIP 数据核字(2021)第 214053 号

JIANZHU GONGCHENG SHIGONG XINXIHUA JISHU YINGYONG GUANLI YANJIU

建 筑 工 程 施 工 信 息 化 技 术 应 用 管 理 研 究

责任编辑：朱晓娟　王　芸	策划编辑：张　晖	
责任校对：张　友	装帧设计：李　飞	

出版发行：西北工业大学出版社
通信地址：西安市友谊西路 127 号　　　邮编:710072
电　　话：(029)88491757，88493844
网　　址：www. nwpup. com
印　刷　者：西安五星印刷有限公司
开　　本：710 mm×1 000 mm　　　1/16
印　　张：15.25
字　　数：299 千字
版　　次：2021 年 10 月第 1 版　　　2021 年 10 月第 1 次印刷
定　　价：68.00 元

前　言

我国已进入信息化时代,信息技术为制造、电子等行业带来了革命性的变化。数控操作、三维软件等在制造业中作为重要生产工具已有数年的历史,为提高生产效率发挥了重要的作用。但在建筑业方面,信息化程度仍旧处于较低的水平,为了使我国的建筑业保持可持续发展,从容应对国外同行业日益激烈的竞争与挑战,我国建筑业在现阶段需要引进信息化技术。

随着我国社会政治经济和科学技术的飞速发展,人们对居住和工作环境的要求越来越高,开始更加注重建筑的安全性、美观性、舒适性以及实用性等。近年来,随着各类建筑的大量建设,各种信息技术和现代技术的紧密结合,建筑工程施工逐渐开始向信息化发展,对现代建筑赋予了新的内涵,使建筑品质得到了质的提升,改善、更新了人们的工作、生活环境。建筑工程施工信息化技术的应用展现了建筑业广阔的发展前景。

本书共分为九个部分。其中,绪论主要概述了建筑工程信息化系统与智能建筑以及建筑工程信息化技术的发展;第一章主要从建筑工程信息化施工的施工过程、质量验收和综合管线敷设等方面对建筑工程施工信息化技术进行研究;第二章主要从安全技术防范系统、施工技术以及安全技术防范系统在建筑安全防范中的应用等方面对安全技术防范进行研究;第三章主要介绍了防火报警消防系统,包括施工技术和自动报警消防系统;第四章主要从建筑综合布线的施工技术和优势等方面对建筑综合布线系统进行研究说明;第五章主要介绍了建筑设备的监控系统,包括建筑设备监控系统的施工技术和建筑节能在监控系统中的构建应用;第六章主要介绍了通信网络系统,包括通信网络系统的施工技术、工程接地与防雷技术;第七章主要从有线电视系统的施工安装、系统调试与验收等方面介绍了有线电视系统;第八章主要讲述了 BIM(建筑信息建模)技术在信息化建筑施工工程中的应用。

撰写本书全部按照现行规范、规程和标准进行,力求可以在简单介绍建筑工程施工技术和施工管理相关知识的基础上反映目前施工过程中的新工艺、新技术以及新的组织管理理念,使读者了解建筑工程施工方法、施工工艺的同时,可以处理好各个环节中存在的问题。为了保证内容的丰富性与研究的多样性,笔者在撰写过程中参阅了相关建筑工程施工信息化技术和管理方面的资料,在此对这些文献资料的作者们表示衷心的感谢。

　　由于水平有限,书中难免有疏漏和不妥之处,恳请同行专家和读者批评指正。

著　者

2021 年 3 月

目　录

绪　论

第一节　建筑工程信息化系统与智能建筑

随着现代信息技术的不断发展和广泛应用,人们的生产生活都发生了巨大变化。当前,对于建筑领域来说,信息化是其发展的重要方向。智能建筑的建设和应用已成为当代社会建设和发展的一个关注热点。本章将从相关概念和理论入手,展开对建筑工程信息化系统和智能建筑的研究,以奠定本书的研究基础。

一、智能建筑

(一)智能建筑的产生

建筑物一般是指供人们进行生产、生活或其他活动的房屋或场所。它必须符合人们的一般使用要求并适应人们的特殊活动要求。按照《智能建筑设计标准》(GB 50314—2015)的规定,根据建筑物的不同功能,可以将其划分为住宅、办公、商业、学校、文化、媒体、体育、医院、交通、工业共 10 种类型。人类社会活动的需求是建筑不断发展进步的根本动力。今天的建筑已不仅限于居住栖身性质,更增加了工作、学习、交际等功能,并且建筑的功能也不断朝着综合性的方向发展。现代人对于建筑也提出了更多的要求,包括更高的安全性和舒适性、便捷性、节能环保以及具备信息交换功能等。同样,现代科学技术的发展,也为上述人们对于建筑功能和要求的实现,提供了技术基础。

自 20 世纪 80 年代开始,社会由工业化向信息化的转型进程有了明显的加快。反映在建筑领域上,其主要表现为世界主要的大型跨国公司在大楼的建设或改造上,开始应用现代技术。例如,1984 年,美国的联合科技集团公司对其在康涅狄格州福德市的旧的金融大厦进行了改造,将其改建为新的都市大厦。经过改造,该公司在大厦内安装了计算机、移动交换机等先进的办公设备和高速信息通信设施,这些先进设备与设施的安装,使大厦具备了为用户提供电子邮件、信息查询、文字处理等信息服务的功能。此外,该大厦还利用计算机对建筑内的供暖、供电、给排水、安防等系统进行信息化管理。都市大厦的改建开创了智能建筑的先河。日本在 20 世纪 80 年代也开始了智能建筑的建设,这一时期较有代表性的智能建筑,就是电报电话株式会社智能大厦。同时,日本为了推动智能建筑的建设,制订了包括从智能设备到智能城市的发展计划,并且还成立了"建设省国家智能建筑专业委员会"及"日本智能建筑研究会"等相关机构,为智能建筑的发展提供智力等各方面的支持。欧洲国家智能建筑的建设,大致是与日本在同一时期开始的。到 1989 年,智能建筑在欧洲国家的一些主要城市都有所发展,其中伦敦的智能建筑面积占到了 12%,巴黎的智能建筑面积占到了 10%,法兰克福和马德里的智能建筑面积则分别占 5%。此外,亚洲各国(如新加坡、韩国、印度等)也都在 20 世纪 90 年代后,逐渐开始智能建筑的建设。

(二)智能建筑的发展背景

智能建筑能够从 20 世纪 80 年代到今天这短短的 40 多年的时间中,获得如此快速的、大规模的发展,其背后必定有着深刻的时代背景,下面将从社会背景和技术背景两方面进行分析。

1.计算机与通信技术的发展

自 20 世纪 80 年代以来,计算机技术和现代通信技术获得了飞速的发展:一方面,技术的发展使计算机的运算、操作处理等能力不断增强;另一方面,技术的发展,也使计算机的性价比越来越高,这也使得计算机在社会各行业和领域中逐渐得到应用和普及。通信技术也在发展过程中,逐渐实现了图、文、音、像的多媒体信息的宽带传输,而不再是过去常规的语音通信。现代通信技术的发展呈现出数字化、宽带化、移动化和个人化等特点。可以说,计算机和通信技术的发展,给现代社会带来了深刻的变革,人们的生产生活也在计算机和通信技术的影响下发生了巨大的变化。例如,传统的控制技术发展成为计算机分散控制集中管理的集散型系统。计算机与通信技术的发展和应用,使人类的生产力得到了极大的提高,推动着人类创造才能的发挥,也使人们的生活水平不断提高。由于社会的发展与技术的进步,出现了如银行、保险、证券、贸易、咨询、通信、计算机应用与服务等行业,这些行业为人们提供了大量的就业机会。现代服务业在我国的崛起,大大改变了社会的结构与人们的生活方式,而这些现代服务业的工作场所,大多是信息化程度较高的楼宇。

2.信息高速公路建设与应用

1993 年初,美国政府提出发展"信息高速公路",震动了世界,在充分意识到谁在"信息高速公路"领域内争得领先地位,谁就能在高科技与发展水平上获得最大的成就之后,世界各国纷纷把电子信息科技领域作为技术研究和产业发展重点,力图抢占未来竞争制高点。

　　金桥、金卡、金关、金税、金医、金农、金智等金字工程和上海的"信息港"工程,是针对世界的动向做出适合我国国情的反应,也意味着我们已进入了信息化时代。需强调的是,无论我国的"金工程"还是美国的"信息高速公路","工程""公路"的终端大多都是信息化建筑。可以说,信息化工程与智能建筑是相互依靠、相互推进的关系。如果我国不建成大量完善的智能建筑,势必影响我国信息化的总体水平、经济发展速度与高技术的成长。

　　3.传统商业、金融业模式的变化

　　信息技术的发展,使商业不再仅是传统的柜台买卖,而是采用多种电子手段进行的商贸、物流合一的大商业,形成更高层次的电子商业服务业。随着地区大商业的兴起,黄金地段的房地产业将因贸易、金融、保险、期货业的开展而升值,楼市的上扬又刺激房地产业的投资,加快该地区的改造与建设。因此,以贸促商是使地区经济发展进入良性循环的有效战略之一,而兴建信息化大楼就是为实现这一战略服务的。因为信息化大楼可以提供高速的数据通信,可以提供安全、健康的工作空间,可以提供便利的生活服务设施。总之,它能为来自世界各国和各地区的经济、金融、商业、贸易及产业界人士提供一切他们所需要的工作、生活条件。现代化的商业管理系统,把进、销、调、存业务与从销售状况、市场状况获得的数据密切地结合起来,充分利用这些数据做出经营决策,以在激烈的市场竞争中把握胜机。同时,商店实行信息化管理后,也能够节省运营成本。作为商店与顾客的支付界面,收款设施的现代化很重要,应能接受顾客各种方式的付款,如现金、信用卡、购物卡、支票、汇票、同地或异地转账等。随着社会信息化进程的加快,电子商务已成为商业潮流。通过建立商品信息库向公众提供丰富的商品信息,使顾客在家里就可通过互联网查阅商品的多媒体信息,挑选自己满意的商品,在网上订购付款。商店为扩大销售创造条件,不断完善通信设施与物流服务,使国内的边远地区,甚至其他国家的公众都能成为商店潜在的顾客。可见,离开智能建筑的支撑,现代化的商业就难以形成,经济发展也缺乏活力。

　　以"金卡"工程为代表的区域性金融信息网工程已实现金融卡跨行支付交易的 ATM(自动取款机)联网信息系统、金融卡实时消费转账和销售点信息管理的 POS(销售终端)联网信息系统,并实现了与国际金融信息网的联网。

　　贸易信息系统、海关通关自动化等组成的 EDI(电子数据交换)系统,可以实现海关与银行划账服务自动化,进出口许可证和配额管理一体化等,形成以海关、商检、银行、保险、运输、税务为主的完整外贸链,以大通关的方式初步实现无纸化贸易。

4.人民生活水平的提高和对外交流的扩大

目前,我国已经建立起了数万幢的智能建筑,而且处于在建的智能建筑数量也有很多。我国智能建筑的建设涉及多种类型,包括住宅楼、商业建筑以及各类公共建筑等,这也反映出了我国智能建筑建设的规模之大。我国智能建筑建设浪潮的出现,并不是一个独立的工程问题,而是与人民生活水平和对外交流密切相关的问题。我国的智能建筑建设在发达地区已出现区域规划的趋势。

高速、大容量的综合信息通信网络,充分满足用户对信息通信的需求。它与国内、国际的公共主干通信网连通,实现语音、数据、图像的综合传输,主要商贸区的若干个节点处传输速率可不受限制地满足用户需求。全光网、IP(网络之间互连的协议)城域网等主干网形成了由 ATM 交换网、SDH(同步数字体系)传输网构成的宽带综合业务数字网,大楼用户网实现用户接入的宽带化。同时,还可享用双向 CATV(社区公共电视天线系统),形成宽带多媒体信息服务网以及卫星和数字微波组成的高速信息通道。智能建筑如果没有良好的外部通信环境,不能和外部系统联网,那就只是一个孤立的智能点。要想真正发挥智能建筑的功能,就必须在通信设施上将外界的通信公网与公共设施一并协同考虑。

(三)智能建筑的概念

智能建筑是建筑工程信息化技术应用的产物,通过在建筑技术中融入计算机技术、通信技术等,使建筑具备智能功能。随着科技水平的迅速发展,现代人也对建筑提出了更多、更高的要求,具体来说,主要包括信息、环保、节能和安全等方面。人们对于建筑在观念上的变化以及对于建筑在信息化上的需求和希望,也使智能建筑的内涵和定义在不断地发展完善。

按照《智能建筑设计标准》(GB 50314—2015)的定义,智能建筑是指以建筑物为平台,基于对建筑各种智能信息化综合应用,集架构、系统、应用、管理及优化组合为一体,具有感知、传输、记忆、推理、判断和决策的综合智慧能力,形成以人、建筑、环境互为协调的整合体,为人们提供安全、高效、便利及可持续发展功能环境的建筑。

美国智能建筑学会认为,建筑具有四个最基本的要求,其分别为结构、系统、服务和管理,而对建筑的这四个基本要素进行最优组合,并能够为用户提供高效的、具有一定经济效益的环境的建筑即为智能建筑。根据这一定义,智能只是建筑的一种手段,通过为建筑配备智能功能,能够实现建筑的高效率、低能耗、低污染,实现建筑以人为本与可持续发展的结合。若离开了节能与环保,再"智能"的建筑也将无法存在,每栋建筑的功能必须与由此功能带给用户或业主的经济效益密切相关。在此定义下,智能的概念逐渐被淡化。经过多年的发展,美国的智能建筑建设更加注重环保的理念,进入了绿色建筑的阶段。

欧洲智能建筑集团认为,智能建筑就是要为用户提供最高的效率、最低的维护成本和最有效的管理,为用户提供有力的环境支持,使用户能够高效地完成业务目标。

日本智能大楼研究会认为,智能建筑需要满足以下两方面的要求:第一,为用户提供办公、通信等方面的信息化服务;第二,通过信息化管理,为用户提供更安全、舒适、高效的环境。

新加坡政府的公共设施署则认为,智能建筑需要满足以下三方面的条件:第一,具备对建筑环境进行自动调节和控制的系统,监测建筑环境安全的系统和设备;第二,具备建筑内部各区域间进行通信的设施;第三,具备与外部环境进行通信的设施。

作为一个发展中的概念,科学技术的发展以及人们需求的变化使智能建筑的概念不断更新,但是总的来说,在智能建筑的概念中,存在着四个方面的基本要素,其分别为结构、系统、管理和服务。

这四个要素是相互联系的。其中,结构是其他三个要素存在和发挥作用的基础平台,它对建筑物内各类系统的功能发挥起着最直接的作用,直接影响着智能建筑的目标实现,影响着系统的合理性、可靠性、可维护性和可扩展性等。系统是实现智能建筑管理和服务的物理基础和技术手段,是建筑"先天智能"最重要的组成部分,系统的核心技术是所谓的"3C"技术,即现代计算机技术(Computer)、现代通信技术(Communication)和现代控制技术(Control)。管理是使智能建筑发挥最大效益的方法和策略,是实现智能建筑优质服务的重要手段,其优劣将直接影响建筑物的"后天智能"。服务是前三个要素的最终目标,它的效果反映了智能建筑的优劣。

对于智能建筑的建设来说,必须要对以上四个基本要素及其相互作用进行综合分析与考虑,在此基础上结合相关知识与技术,只有这样才能够做到合理的分析、判断和决策,在合理的投入下,建设满足用户功能需求的、可持续发展的智能建筑。

(四)智能建筑的特点

智能建筑是相对于传统建筑来说的,其特点主要体现在以下几方面。

1.提供安全、舒适和高效便捷的环境

智能建筑通过各类智能系统,能够实现对建筑物的智能控制与管理,为用户提供安全舒适和高效便捷的环境。通过自动监控与控制系统,智能建筑能够对建筑物内的各类机电设备进行监测、控制、调节和管理。通过消防报警自动化系统和安防自动化系统,能够对建筑物内的各类灾害和突发事件进行快速反应,保证用户的生命和财产安全。此外,智能建筑还能够对室内的自然环境和人文环境进行调节,如调节室内的温度、湿度和照明,通过多媒体系统播放音乐等,使用户的心情愉悦,为用户提供舒适的环境,提高用户的舒适感和工作效率,使建造者与使用者都获得很高的经济效益。

2.节约能源

节约能源是智能建筑的一项基本功能,也是智能建筑回报的体现。建筑能耗在整个社会的能耗中占有较大的比例。根据相关统计,在发达国家中,建筑物能耗能够占到社会总能耗的 30%～40%。在建筑物的能耗中,采暖、空调、通风的耗能约占 65%,生活热水的耗能约占 15%,照明、电梯、电视的耗能约占 14%,其他的耗能约占 6%。智能建筑的节约能源功能就是在满足用户基本的使用需求的前提下,对建筑物的能源系统进行智能调节,最大限度地利用自然环境对建筑物的室内环境进行调节,以减少能源消耗。智能建筑的能源控制与管理系统能够根据地域、季节、工作行程等进行程序的编写,例如,在上、下班期间制定不同的室内环境标准,在下班后自动对建筑物的室内环境进行调节。

3.节省设备运行维护费用

智能建筑实现了对建筑内部各类机电设备在运行、维护等方面的信息化、科学化、自动化管理。根据相关统计,一座大厦在生命周期内的运营、维护等方面的成本能够达到建造成本的 3 倍。水电、维护、管理等方面的费用,能够占到大厦运营费用的 60%左右,而且这类费用还会以每年 4%的幅度递增。因此,智能建筑对建筑运行和维护的信息化管理能够有效降低各类设备的维护成本和管理的人工成本,从而节省大量的费用。

4.现代化的通信手段和信息服务

智能建筑具有完善的、现代化的通信系统。智能建筑中的通信系统,能够以多媒体的方式,对图、文、音、像等各种类型的信息进行高效的处理。在现代通信系统的作用下,智能建筑打破了传统建筑在通信上的时间和空间限制,实现了与世界各地的即时通信。智能建筑利用计算机网络和数据库建立起了自动化的办公系统,依靠其强大的计算和处理能力,能够高效地、综合地完成各类办公业务。

(五)智能建筑的类型

根据建筑的使用特征,智能建筑有智能大厦、智能住宅小区、智能医院等多种类型。

1.智能大厦

智能建筑是从智能大厦开始的,任何一栋具有智能建筑特征的大楼都可称为智能大厦。智能大厦既可以是办公写字楼,也可以是宾馆、酒店或者商场等,目前,作为宾馆、酒店和办公写字楼用途的比较多。

(1)智能宾馆(酒店)。在现代社会中,宾馆(酒店)是集住宿、餐饮、休闲、娱乐、会议和各种商务活动于一体的场所,也是一个以提供多功能和全方位服务的场所。为吸引客户,宾馆(酒店)必须为客户提供安全、高效、舒适、便利的建筑环境。因此,现代化的宾馆(酒店)无一例外地采用各种信息化技术来提高宾馆(酒店)的档次。

宾馆(酒店)的信息化系统是以计算机信息处理、宽带交互式多媒体网络技术为核心的信息网络系统,也是现代宾馆(酒店)建设和改造的核心内容和目标,更是增强宾馆(酒店)竞争力的手段。对宾馆(酒店)来说,其信息化主要表现在以下三方面。

首先是直接面对客人提供优质服务的计算机系统。其主要功能包括:第一,前台计算机管理系统。该系统主要是为旅客提供住宿服务的前台系统,同时还具有和其他部分的接口。前台计算机管理系统主要有前台与餐饮管理系统、前台与后台系统、前台与电话系统、前台与门锁系统、前台与视频点播系统等。第二,一卡通系统。该系统主要用于客人身份识别,进行门锁控制,对客人的各种消费进行记账与打折优惠管理。第三,视频点播系统。客人可以通过该系统按需点播影片,浏览、查询各类网络上的信息。

其次是为宾馆(酒店)的管理者提供高质量经营管理手段的信息管理系统。如宾馆(酒店)预订与连锁经营网络系统、后台计算机管理系统、办公自动化系统等,目的是使宾馆(酒店)的经营管理更加先进、科学、高效。

最后是为降低宾馆(酒店)经营成本提供高质量管理手段的信息化系统。在宾馆(酒店)的经营中,收入取决于客源的数量,而成本则由宾馆(酒店)运营与管理的所有支出组成。采用节能技术、采购网络、人员管理、物资管理等智能系统,使宾馆(酒店)在满足客人要求的质量和舒适度的情况下,最大限度地降低物耗、能耗和人员成本,为宾馆(酒店)经营创造最大的利润。

(2)智能办公写字楼。智能办公写字楼配备有高技术含量的先进设施与设备,其优越的硬件条件能够为用户提供高度信息化的办公服务。可以说,智能办公写字楼为用户提供的服务能够达到"5A"级别,其具体如下。

第一,建筑物自动化系统(BAS)。BAS涉及供配电、采暖、空调、照明、给排水、电梯、停车场等设施与设备的自动监控,因而可以从各方面为用户提供自动化的便捷服务。

第二,通信网络系统(CNS)。CNS的功能是智能通信,该系统包括综合布线系统、电视电话会议系统、公共广播系统、移动电话系统等。CNS能够为用户的办公提供更为高效、流畅的通信服务。

第三,办公自动化系统(OAS)。OAS的功能就是为用户提供信息化的办公服务,具体包括多媒体信息查询系统、计算机网络系统、物业管理计算机系统等。

第四,安保自动化系统(SAS)。SAS包括闭路电视监视系统、电子巡更系统等。SAS能够实现对建筑的有效安全监控,能够有效避免盗窃等事件的发生。

第五,消防报警系统(FAS)。FAS是智能消防系统,主要负责避免建筑发生火灾等各类灾害以及灾害发生后的应急响应。FAS包括火灾自动报警系统和消防联动控制系统等。

2.智能住宅小区

智能住宅小区是在智能大厦的基础上扩展和延伸出来的。与智能大厦相比,智能住宅小区的基本功能,更注重于满足住户对安全与舒适的居住环境、便利的社区物业服务与管理、具有增值应用效应的网络通信以及个性化的需求。智能住宅小区的智能系统包括以下几方面。

(1)综合物业管理系统:主要功能包括对小区房屋维修、住户、车辆道路、绿化、收费等进行管理。

(2)安全防范系统:是保证小区安全的重要智能系统。通常,在住宅区内都会设置有保安中心,安全防范系统的主机和控制设备也放置在保安中心。安全防范系统的主要设施与功能如下。

第一,周边防盗报警系统。主要是在小区周围的围墙上安装红外对射报警探测器,一旦探测器探测到非法入侵,即可进行实时报警,在周围边界对小区安全进行保护。

第二,闭路电视监控系统。主要是在小区的大门、主要道路、停车场入口、楼道入口、周边公共场所等处安装闭路电视监控摄像机,对小区周边情况进行24 h记录与保存,实现对小区安全的全天候监视与防范,并与报警系统联动,保护小区安全。

第三,巡更系统。主要是在小区的各出入口、楼道出入口等设置巡更点,安排专门的安保人员执勤。巡更点的设置,有利于提高小区安保人员的安全意识与责任。同时,在安排人员巡更时,也应为其提供保障人身安全的措施和手段。

第四,楼宇对讲系统。主要是在楼道入口处安装对讲机。当有访客时,需要先通过对讲机与住户取得联系,得到住户确认后,外访人员方可进入。

第五,家庭防盗报警系统。主要是将家庭内部的防盗系统与小区的安全防范系统联网,一旦住户内部发生盗窃等安全事件,可以通过系统将信息传递到小区保安中心。通过各类安全系统的布置,能够实现对小区安全的全方位、多层次的保障,且智能安全防范系统是无形的,其比防盗网等有形的安全防范措施,更能使用户感觉到安全、舒适。

(3)公共机电设备系统:能够实现对小区内各类机电设备的自动控制,其主要由系统主机、执行机构、传感器和传输线缆等四部分构成。对小区内各类机电设备的控制,主要依靠系统主机实现,执行机构和传感器负责检测机电设备的运行状况,传输线缆则起到传输信息的作用。公共机电设备系统能够实现对小区各类机电设备的分散控制和集中管理,提高小区机电设备管理的信息化和科学化水平,并带来降低机电设备能耗成本与人力资源成本、提高机电设备使用寿命的直接效果。

(4)停车场管理系统:除了在出入口设置摄像头,对进出小区的车辆进行管理之外,小区通常还配有专门的停车场管理系统,其主要由道闸、IC 卡读写器、管理电脑和传输线缆组成。该系统利用 IC 卡读写器对 IC 卡进行读取识别,以实现对车辆出入的信息化管理。除了出入管理之外,系统通过 IC 卡的识别,还能够完成检验、记录、核算、收费等计算工作。对于小区住户,物业会发放专门的 IC 卡用于其车辆的出入控制及收费等其他管理。对于来访车辆,则由停车场值班人员对其信息进行记录,并向其发放临时卡,再将车辆放行。

(5)四表(水表、电表、气表、热表)系统:即对四类表进行自动抄表的系统,主要由数据采集器、管理主机、传输线缆三部分组成。小区的四表通常为电子表,有的也为数字表。自动抄表系统主要是在四表较为集中的位置设置数据采集器,这样就可以对住户四表的数据进行随时的收集和存储。数据采集器则通过总线方式与系统的主机相连,小区的管理中心即可实现电子自动抄表到户。

(6)小区综合管理系统:在小区内建立基于互联网的 Web 服务器(ISP),可实现网上收费服务、发布通知通告、综合信息查询与 Web 发布、电子邮件服务(E - mail)、电子新闻与报刊服务等。

(7)"三网合一"的综合通信网络:电话、电视和数据"三网合一"的综合通信网络的主要设施与功能包括建立电话、电视和数据"三网合一"的 HFC(混合光纤同轴光缆)综合通信接入网络平台,可实现小区内免费电话服务功能,提高交互式电视服务,如 VOD(视频点播)等;提供宽带接入,实现可视电话、电视会议、家庭办公等多媒体综合业务服务功能。

3.智能医院

智能医院是具有智能功能的特殊建筑,与一般的智能大厦相比,虽然在智能系统的形式上存在不少相似之处,但是,智能医院在服务对象和服务目的等方面的特殊性,使得智能医院的系统设计存在一定的差异与特性。具体来说,智能医院的系统主要是围绕着为病人服务设计的。

由于医院本身是智能医院唯一的使用者,智能医院服务的对象就是病人,对楼内计算机局域网络功能的实施,对各信息化系统的实施均有实际、明确的要求,因此更易进行系统集成。智能医院相对于其他智能建筑,除了具有一些通用的信息化系统之外,还有一些医院专用的信息管理系统,能使医院的管理更完善,为病人提供的服务更周到。

(1)门诊与药房排队管理系统:根据医院的特殊性,门诊、分诊、药房等窗口是人群最多,也是最拥挤的地方:在排队管理系统下,系统将挂号到取药等相关环节联系起来,并智能安排患者排队。系统为排队的病人安排顺序号码,当排到病人时,系统会通过语言系统通知病人。这样一来,既让病人免去了排队的麻烦,也有利于改善相关窗口的秩序,提高医院的工作效率和服务质量。

(2)病房呼叫对讲系统:相对于传统的护士呼叫系统,智能医院的呼叫系统还与医院管理信息系统相连接。当病人发出呼叫时,智能医院的呼叫系统不仅能够及时通知护士和相关的主治医生,而且能够通过访问医院管理信息系统的数据库,将病人的病历资料及时传给医生、护士参考,同时还能将病人的呼叫作业过程记录下来,并存档,以供后期治疗使用。

(3)手术室视频示教系统:现代医院除了医疗功能之外,还具有教学和科研的功能。因此,在现代医院中,经常会有手术的观摩和指导活动。手术室视频示教系统通过在手术室内设置摄像机,将手术过程拍摄下来,其既可以作为学生学习的资料,也可以作为手术的存档资料。

(4)婴儿保护系统:这是一种高技术婴儿保护设施,在美国芝加哥医学院已经安装使用。婴儿一出生,就在其脚部系上一个标识,该标识是一种微型的射频(RF)反射器,一旦婴儿被非法抱走或者标识被剪断或拉长,就会发出报警,在控制台显示其位置,相应的门锁也会自动关闭。

(5)触摸屏与电子广告牌系统:通过触摸屏和电子广告牌,医院能够为病人提供科室分布、专家信息、出诊时间等各类信息。该系统操作简单,电子广告牌可自动对相关信息进行显示和变换,用户用手触碰相关项目,即可查询该项目的相关信息。在医院各相应楼层设置人机对话设备,如信息查询触摸屏和大屏幕显示广告牌,其信息均来自医院信息管理系统。

二、建筑工程信息化系统

为了实现智能建筑安全、高效、便捷、节能、环保、健康的目的,智能建筑需要具有一定的建筑环境并具备相应的信息化系统。建筑工程信息化系统,过去通常称弱电系统,是指以建筑为平台,兼备建筑设备、办公自动化及通信网络三大系统,集结构、系统、服务、管理及它们之间最优化组合,向人们提供一个安全、高效、舒适、便利的综合服务环境。

建筑工程信息化系统,就是利用现代通信技术、信息技术、计算机网络技术、监控技术等,通过对建筑和建筑设备的自动检测与优化控制、信息资源的优化管理,实现对建筑物的智能控制与管理,以满足用户对建筑物的监控、管理和信息共享的需求,从而使智能建筑具有安全、舒适、高效和环保的特点,达到投资合理、适应信息社会需要的目标。

严格地说,智能建筑是建筑物的一种,因其安装有建筑工程信息化系统,能提供安全、高效、舒适、便利快捷的综合服务环境,且投资合理,因此被称为智能建筑。建筑工程信息化系统是安装在智能建筑中,由多个子系统组成的,利用现代技术实现的,完整的服务、管理系统。信息化系统是相对需求设置的:为满足安全性需求,在智能建筑中设置公共安全系统,其内容主要包括火灾自动报警系统、安全技术防范系统和应急响应系统;为满足舒适、节能、环保、健康、高效的需求,在智能建筑中设置建筑设备管理系统;为满足工作上的高效性和便捷性,在智能建筑中设置方便快捷和多样化的信息设施系统和信息化应用系统。信息化集成系统把原来相对独立的资源、功能等集合到一个相互关联、协调和统一的信息化集成系统之中,对各子系统进行科学高效的综合管理,以实现信息综合、资源共享。智能建筑中的信息化系统主要由信息化应用系统、信息化集成系统、信息设施系统、建筑设备管理系统、公共安全系统和机房工程组成。

(一)信息化应用系统

信息化应用系统是为满足建筑的信息化应用功能需要,以信息化设施系统为基础,具有各类专业化业务门类和规范化运营管理模式的多种类信息设备装置及与应用操作程序组合的应用系统。其主要功能有两方面:一是业务信息运行功能,二是业务支持辅助功能。具体来说,信息化应用系统可包括公共信息服务系统、公共信息管理系统、信息安全管理系统、物业运营管理系统和智能卡应用系统等。

(二)信息化集成系统

信息化集成系统即将建筑内外的各类信息集成于统一的信息平台,在统一的信息平台下,信息化集成系统具备了集中、共享、协作等特点,能够更好地实现建筑的建设、运营与管理目标。具体来说,信息化集成系统具有以下功能:一是能够保证对建筑内外各类信息资源的监控、共享,以提高管理水平,使建筑更好地发挥使用目标;二是可根据建筑物的规模、性质、物业管理模式等,建立符合建筑实际特点与需求的信息化系统。

此外,在配置上,信息化集成系统还应符合以下要求。

第一,具备对各子系统进行数据收集、通信、处理的能力。

第二,具备综合管理各子系统的能力。

第三,具备支撑集成系统工作的业务系统和物业管理系统。

第四,集成通信协议与接口符合技术标准。

第五,具有一定的容错性和可扩展性。

第六,维护容易。

(三)信息设施系统

信息设施系统即基于信息通信需求,对建筑内的各信息系统进行整合,并与信息设施基础条件进行融合,形成的统一性的、综合性的系统。信息设施系统主要包括信息接入系统、电话交换系统、信息网络系统、综合布线系统、室内移动通信覆盖系统、卫星通信系统、有线电视及卫星电视接收系统、广播系统、会议系统、信息导引及发布系统、时钟系统和其他相关的信息通信系统。

(四)建筑设备管理系统

建筑设备管理系统即以节能和绿色为目标,对建筑的各类机电设施和建筑环境进行优化与管理的系统。其监控和管理的建筑设备包括热力系统、空调系统、给排水系统、供配电系统、照明系统和电梯系统等。

建筑设备管理系统主要具有以下几方面的功能和要求。

第一,对各类机电设备的运行进行测量、监控和控制的功能。

第二,对建筑环境的各项参数进行监测的功能。

第三,共享数据功能。共享的数据包括机电设备运行数据、建筑环境的各项参数、与公共安全相关的数据信息等。

(五)公共安全系统

公共安全系统即对危害建筑物和公共环境安全的因素进行防范的系统。其主要包括两方面：一是针对威胁人们生命和财产安全的各类自然或人为的灾害或突发事件，建立技术防范体系；二是对上述事件发生的报警和应急系统。

(六)机房工程

机房工程即为各类智能系统和设备提供防护或运行条件，对其运行进行安全保障与维护，使各类智能系统和设备高效运行的综合性工程。机房工程的范围主要包括各类智能设备、配线设备、智能系统、监控中心、应急指挥中心等的机房。机房工程还包括配电、照明、空调以及各类安防与环境监测系统等。

三、智能建筑与智慧城市

21世纪以来，随着现代科学技术，尤其是信息技术与计算机技术的不断发展，智能建筑的应用范围越来越广，带来了城市信息化应用水平的提高。在这一背景下，建设智慧城市的概念在世界范围内逐渐兴起。建设智慧城市已成为当前世界城市发展的主流。在信息全球化的背景下，智慧城市的建设与规划已经引起世界各国的重视，并已成为发达国家发展战略新兴产业的重点。

智慧城市是继数字城市和智能城市后城市信息化的高级形态，是信息化、工业化和城镇化的深度融合。对于智慧城市的建设来说，智能建筑是其重要的组成部分。智能建筑的智能运转和节能环保，是实现智慧城市的重要基础，也与现代社会信息化发展、绿色发展、可持续发展的理念相契合。因此，为了促进智能建筑的建设和智慧城市的实现，我国也出台了多项相关政策。可以说，我国未来城市的现代化建设以及居民生活水平的提高都离不开智能建筑的建设。

(一)智慧城市的概念

目前，关于"智慧城市"，在学术界尚未形成统一的概念，各学者、组织等则通过不同的视角对"智慧城市"提出了不同的观点。

关于"智慧城市"这一概念的来源，最早可以追溯到IBM公司在2008年于纽约召开的外国关系理事会，在会上，IBM公司提出了"智慧的地球"的概念。之后，IBM公司将"智慧城市"定义为能够充分运用信息和通信技术手段感测、分析、整合城市运行核心系统的各项关键信息，从而对包括民生、环保、公共安全、城市服务、工商业活动在内的各种需求做出智能的响应，为人类创造更美好的城市生活。

在国内,对于"智慧城市"概念的定义,可以分为广义和狭义两种。其中,广义的概念理解为,涉及空间、经济、社会、制度、管理、技术等多个方面的全方位的、创新的城市发展模式,要最大限度地对城市各类资源进行优化整合,促进人的全面发展的实现;狭义的概念理解则是从技术方面对"智慧城市"进行定义,即利用现代信息技术,改变政府、企业、个人的交互方式,在城市各项管理、服务、商业活动上,做到信息化的响应,以信息化提高城市运行的效率,提高人们的生活质量和水平。

(二)智慧城市的特征

就智慧城市的特征而言,被学界普遍接受的是 IBM 提出的观点,即全面物联、充分整合、激励创新和协同运作。这 16 个字概述了智慧城市的主要特征,突出了智慧城市的优越性。

1.全面物联

全面物联即在城市范围内,大量布置传感器和智能设备,构建城市物联网系统,对城市运行的各类核心数据进行全时段、全天候的测量与监控,并将收集到的数据传送给相应的子系统,进行数据分析与智慧处理。

2.充分整合

充分整合即对智慧城市的互联网与物联网的整合,将城市的政治、经济、社会、文化、资源、环境等各个子系统都整合到城市运行的核心系统中,使各子系统之间实现协调、平衡和融合。

3.激励创新

激励创新即激励城市中的政府、企业、个人等利用智慧设施创新应用方式,不断推动城市智慧水平的提高,以创新作为智慧城市发展的重要动力。

4.协同运作

协同运作即以智能设施为基础,使城市的子系统及参与者实现高度的配合与协作,使城市运行达到最佳状态。

(三)智慧城市的应用

建设智慧城市就是要使城市运行更为智能,不断提高城市运行的效率。智慧城市的建设涉及政府、企业和个人,要促进三方之间的合作与互动。同时,智慧城市的建设依赖各种先进技术的应用。因此,现实与虚拟系统的互动也是智慧城市建设的重要内容。一个城市不可能在短时间就建设成为智慧城市,其需要一个长期的、不断自我完善的过程。智慧城市的建设需要大量的智慧基础设施、通信网络等方面的建设,这些都需要政府提供大量的资金等方面的支持。城市智慧化的不断发展,也为城市提供了崭新的发展契机,以及更多服务于城市运行和居民生活的应用服务。

1.城市运行智慧服务

城市运行智慧服务主要是指服务于政府进行城市管理工作,根据其工作范围和工作职能所提供的智慧服务,主要包括智能办公、智能监管和智能市政管理。

(1)智能办公:是指运用网络、大数据等现代技术,构建信息化、自动化、综合化的办公系统和平台,能够为办公提供事务提醒、自动移交等辅助功能,使现代办公效率得到提高。

(2)智能监管:是指利用现代信息技术实现对对象信息的实时、动态获取,从而实现对监控对象的智能监管。智能监管可以广泛应用于公安、质检、防灾等领域。例如,通过摄像头的人脸识别功能,能够实现对犯罪人员或在逃人员的识别,提高抓捕概率。

(3)智能市政管理:是指利用信息技术,通过遍布的物联网对城市运行所需的水、电、气、管线、道路、照明设施等各种基础设施和资源进行引导、治理、经营和服务,实现市政资源的共享量自动配比。

2.城市居民智慧服务

城市居民智慧服务主要是指对居民生活的各方面所提供的智慧服务,涉及医疗、食品安全、交通等方面。智慧服务是智慧城市建设中的重要内容,在智慧服务下,市民只需使用手机或笔记本等智能终端,就可通过物联网获自身所需服务,享受智慧城市带来的便捷。

(1)智慧医疗:是指利用计算机等信息化技术建立患者档案,从而实现患者与医疗机构、医疗设备间的互动。对于患者来说,通过智慧医疗,可以随时随地查看自己的病历,对医院的优势、专家等信息进行咨询,还可以进行专家预约、远程会诊等。对于医生来说,在得到患者的授权后,即可对患者病历进行查询,从而能够确定可靠的治疗方案。反之,医生也可随时随地了解患者病案信息和最新诊断信息,从而及时提供医疗服务。

(2)智慧食品安全:是指利用射频识别、远程监控等技术,对食品从生产到销售的全过程进行跟踪。通过智慧食品安全技术,在食品包装上印制二维码或条形码标识,该标识为该食品所独有,通过扫描识别二维码或条形码,消费者即可获取该食品从生产到销售的各个环节的安全相关信息。

(3)智慧交通:是指利用卫星导航、自动控制、计算机等技术,提高交通中人、车、路之间的配合度,实现三者间的高度和谐与统一,高效利用交通设施、充分保障交通安全、尽力减少环境污染,极大地提高交通运输效率,改善交通运输环境,从而解决目前交通拥挤、交通事故频发、环境污染等问题。

第二节　建筑工程施工信息化技术的发展

一、建筑工程信息化技术的构成

智能建筑是现代建筑技术与信息技术相结合的产物,并随着科学技术的进步而逐渐发展和充实。现代计算机技术、现代控制技术、现代通信技术和现代图形显示技术共同构成了智能建筑发展的技术基础。

(一)现代计算机技术

随着微电子技术的发展,计算机从科学计算、数据处理和实时控制三大功能转向图像、自然语言、声音等非数值多媒体信息的处理,出现了智能型仿真以模拟人类的思维活动,并且有识别、学习、探索(求解)、推理(逻辑)等功能的计算机。可以说,技术的发展,使得计算机的硬件和系统处理能力不断增强。此外,现代计算机技术的另一个重要的发展方向,就是多机系统联网,也就是通过统一的分布式系统,将多个数据处理系统中的通用部件合并,从而形成一个具有整体功能的系统,该系统在软硬件资源的管理上并没有明显的主从关系。因此,在技术的发展下,计算机通过分布式系统,实现了软硬件资源在网络中的共享,以及计算机现有任务与负载的共享,使计算机的多机合作能力得到提高。特别是在21世纪后,现代计算机技术发展的速度越来越快,这也使现代计算机技术的发展进入了新阶段。

(二)现代控制技术

现代控制技术的构成主要分为两种,一种是集散型的控制系统,另一种是分布式的控制系统,集中式控制系统是二者发展的共同基础。现代控制技术主要用于过程控制,能够就地或分散实现对控制的集中显示、处理和分级管理。现代控制技术是在现代化生产的控制与管理需求下不断发展的,其系统的结构形式通常是多层的、分级的,由下至上进行不同级别的控制,分别为现场级、管理级和决策级。集散型控制系统还通过利用微内核技术,使其能够实时进行多用户、多任务的分布式操作,实现了任务调度算法的快速响应。近年来广泛应用在控制领域的各种现场总线技术,更推进了控制技术的发展。在控制策略上,模糊控制、人工神经网最优控制、蚁群算法等智能控制在智能建筑中得到了广泛的应用。

(三)现代通信技术

传统的通信技术通过与现代计算机技术的融合,发展成为现代通信技术。该项技术尤其在综合业务数字网(ISDN)功能的通信交互系统中尤为明显。在接口上,除了有传统的模拟接口外,还增加了专门的网络接口,通过网络接口,数据、语音、图像等不同类型的信息都能够在 ISDN 上实现通信。近年来,以太网技术以其配置灵活、价格低廉、运行可靠的特点,融合了数据、语音与图像的传输功能逐渐成为现代数字通信的主要方式。

(四)现代图形显示技术

现代图形显示技术就是以图形化的形式在屏幕上将计算机的操作以及计算机中的信息显示出来的技术。例如,在计算机操作系统中应用多媒体技术,使计算机实现了简单便捷的屏幕操作,各种信息的状态、参数变化以及模拟量的控制等,都能以动态图形或视频图像的形式显示。现代科学技术的发展,使计算机在硬件上不断进化。在显示器方面,传统的阴极射线管逐渐被液晶显示器所取代,因此,现代图形显示技术只是形式上代表图像显示技术,已经与阴极射线管基本无关,而是显示终端技术的发展,使 LCD、LED 及 PDP 逐步成为丰富多彩的主流。

二、建筑工程信息化技术应用于智能建筑的历程

(一)起始阶段

我国对智能建筑的研究始于 1986 年。国家早在"七五"重点科技攻关项目中就将"信息化办公大楼可行性研究"列为其中之一,这项研究由中国科学院计算技术研究所于 1991 年完成并通过了鉴定。

在起始阶段,对建筑工程信息化技术的应用主要是在一些涉外的高档公共建筑或有特殊需要的工业建筑中,相关的技术和设备也以国外引进为主。在这一阶段,人们对于建筑工程信息化的理解主要是将各类现代技术应用于建筑之中,在建筑内设置有线电视系统、广播系统、计算机网络系统、机电管理控制系统、灾害报警系统和安防系统等,为用户提供现代化的通信、办公、运行管理和安全服务。这些信息化的子系统都是相互独立的,彼此间并没有建立起联系。

1987 年,一座名为"北京发展大厦"的建筑在北京开始建设,于 1989 年建设

完工,并于 1990 年正式运营。这座大厦应用了建筑物自动化系统、通信网络系统、办公自动化系统。但是,大厦并没有实现对这三个系统的统一控制,在建筑工程信息化上还存在很多不完善之处。因此,可以将其视为我国最早的智能建筑的雏形。随后,在 1991 年,广州市的广东国际大厦建成。这座大厦内设置有微型装置,能够接收到来自国外的经济信息。

这个阶段,建筑工程信息化普及程度不高,产品供应商、设计单位以及业内专家成为起始阶段推动建筑工程信息化发展的主要角色。

(二)普及阶段

到 20 世纪 90 年代,我国的房地产开发迎来热潮,房地产开发商虽然对智能建筑的概念和内涵并没有明确、全面的认识,但是,出于商业价值的考虑,他们也将智能建筑的概念用于房地产的广告和宣传中。虽然,这些房地产商对智能建筑的宣传,存在名不副实甚至是商业炒作的现象,但在这种情况下,智能建筑迅速在我国推广开来。20 世纪 90 年代后期,我国沿海地区的新建高层建筑几乎都冠以"智能建筑"的名号,并且智能建筑的热潮也由沿海地区向其他地区拓展。

这一时期的建筑工程信息化技术除了在建筑内设置各类智能系统外,还强调对各个子系统进行集成,以及广泛采用综合布线系统。在这一阶段,综合布线技术的引入,也给人们在智能建筑的理解上造成了一定的混乱。有的综合布线厂家为了追求利益,在宣传时宣称只有采用其产品,才能使大楼实现信息化等,夸大了其作用。其实,综合布线系统仅是智能建筑设备的很小部分。但不可否认的是,综合布线技术的引入,吸引了大量的网络通信行业和 IT 行业的公司进入智能建筑领域,使得智能建筑在信息技术领域也获得了一定的关注。综合布线技术由于在语音和数据通信等方面的优势,能够为建筑内部的语音与数据通信提供一个开放的平台,实现了建筑与信息技术的融合,因此,其对智能建筑的发展也起到了积极的推动作用。

(三)发展阶段

在各国的智慧城市建设实践中,智能建筑已成为其重要的支撑,节能舒适的绿色建筑为智慧城市的可持续发展做出了积极的贡献。在智慧城市的建设中,智能建筑已经不再是单纯的概念,其逐渐成为城市的独特风景,在智能容纳和持续发展等现代理念的指导下,智能建筑将在我国的城市建设与居民生活水平的提高等方面发挥重要的作用,智能建筑也将成为智慧城市建设中的重要产业。未来,智能建筑的建设将更加贴合我国社会主义社会建设所提出的绿色、生态、低碳、环保等要求,并且融入物联网、云计算等现代科技技术,以新应用、新目标、新技术、新方式对行业进行整理创新。

(四)我国建筑工程信息化技术应用的现状

1. 发展现状

目前,我国智能建筑的投资比例占到建筑总投资的 5%～8%。其中主要包括住宅信息化系统和公共建筑工程信息化系统两个方面。目前,我国智能建筑占新建建筑的比例还不到 40%,与其他发达国家之间还存在一定的差距,如美国智能建筑占新建建筑的比例超过了 70%,日本的这一比例也超过了 60%。这些数据表明,我国的智能建筑市场还有着极大的增长空间,无论是在既有建筑改造上,还是在新建建筑建设上,智能建筑的比例将会不断提高,我国智能建筑的市场规模也将不断增加,预计不久将突破 1 万亿元。

我国社会的现代化建设,始终坚持和谐发展、可持续发展的理念,智能建筑的理念,也与我国的发展理念相符。因此,相较于其他国家的智能建筑,我国的智能建筑更加注重和突出节能、环保、可持续的特点。我国智能建筑的这些特点,对于低碳和节能减排事业,也起到了积极的作用。

随着现代科学技术的发展和社会生产水平的不断提高,我国的建筑工程信息化技术将得到不断发展,如无线局域网技术、可视化技术、智能卡技术等技术的发展,将会使我国建筑的信息化水平不断提高。因此,在我国未来的城市建设中,智能建筑发挥的作用将越来越大。甚至,智能建筑将会成为未来建筑的一个有机组成部分,通过吸收和融合各种现代技术,为建筑业带来新的突破,赋予新的内容。对于我国建筑工程信息化技术的发展与应用来说,稳定且持续的改进和创新是其发展的必然方向。

2. 存在困境

从建筑工程信息化技术引入我国到今天,我国的建筑工程信息化也有了较大的发展,大型公共建筑已经基本具备了基础的智能功能。我国各级城市新建的办公大厦、商业大厦等建筑,也都是按照智能建筑的标准设计和建设的。可以说,智能建筑已经在我国实现了较高程度的普及。但是,我国的智能建筑的建设也存在一定的问题,具体表现为建筑智能系统的稳定性差、智能功能的实现与预期存在差距、建筑工程信息化水平参差不齐等。然而,目前智能建筑的一体化设计逐渐兴起。所谓智能建筑的一体化设计,就是将智能建筑中复杂的子系统集成为一个系统,其不仅能够实现标准的统一化,也为智能建筑的施工带来了方便,通过智能一体化设计,智能建筑的稳定性和可靠性都将大大增加。一体化设计的兴起,有利于解决我国智能建筑存在的上述问题,使我国的智能建筑水平得到提高,进而提高人们对于智能建筑的满意度。

建筑设计院是我国负责建筑设计的主要机构,其拥有大量的建筑专业人才。但是,从结构上来说,建筑设计院的人才主要集中于传统专业,缺少智能建筑专业的人才,而系统集成商则拥有一定的智能建筑人才。系统集成商所拥有的智能建筑人才,对于智能建筑的相关技术、设备等较为熟悉,这是他们的优势所在。但是,相较于建筑设计院的专业人才来说,系统集成商的智能建筑人才在建筑设计水平上也存在明显的不足,具体表现为施工图纸的设计质量较差,没有接受过系统的建筑设计教育背景和培训,这是造成这一劣势的主要原因。因此,根据我国目前的建筑行业人才现状,对于智能建筑的建设来说,建筑设计仍主要由建筑设计院负责,而系统集成商则只负责建筑的信息化设计。二者之间的分离也使得建筑设计院与系统集成商之间配合得不完美。

对于智能建筑的系统工程设计来说,不仅应以建设单位的需求和投资情况为依据,也应以国家相关的现行标准规范为依据。但是,目前,我国关于智能建筑的相关现行标准规范,在内容上具有理论叙述较多,实际做法不足的问题,这也不利于国家标准和规范发挥对智能建筑系统工程设计的指导作用。

根据国家相关规定,建筑施工图必须交由具备审核资质的机构进行审核,审核通过后方可获得施工许可证,否则便不可施工。但是,由于智能建筑设计的特殊性,其只需将由建筑设计院设计的施工图纸送审,即可获得施工许可证,展开施工。建筑的信息化设计,则通常在施工开始后才进行。因此,建筑工程信息化设计的图纸通常也不会送审,这就造成了对建筑工程信息化设计的审查不足。此外,与建筑设计院一样,图纸审核机构也缺少智能建筑人才,因此即便收到送审的信息化设计图纸,图纸审核机构也无力对其进行审核,导致对建筑工程信息化设计图纸的审核成为一种形式。

三、建筑工程信息化技术发展的时代要求

(一)系统集成

建筑工程信息化技术在系统集成上的发展主要体现在对建筑智能系统各组成部分的要求上。

首先,针对建筑物自动化系统,建筑工程信息化技术提出了以下要求:第一,实现对智能建筑中独立的、分散的弱电子系统的集成,实现各弱电子系统的统一监测、控制和管理;第二,通过系统集成,实现智能建筑中独立的各子系统之间的联动,不断提高智能建筑的系统集成水平,甚至在各子系统内部建立更深层次的联动关系;第三,实现数据和信息资源的开放和共享,这也是现代信息技术发展

的潮流和趋势;第四,通过系统集成,使各弱电子系统的功能得到最大限度的发挥,充分提高其工作效率,从而使智能建筑的运行成本得到降低。信息化集成系统是指将不同功能的建筑工程信息化系统,通过统一的信息平台实现集成,以形成具有信息汇集、资源共享及优化管理等综合功能的系统。

其次,针对信息设施系统,建筑工程信息化技术提出了以下要求:第一,不断提高建筑物的信息服务范围,实现多种类型信息的接收、传输、存储、处理;第二,不断提高智能建筑与外部环境的信息通信水平;第三,不断加强智能建筑的基础通信设施建设。对于信息化应用系统、建筑设备管理系统、公共安全系统,建筑工程信息化技术则要求其应满足用户不断发展和变化的需要,并通过利用各种现代化技术,提高系统的稳定性、可靠性和信息化水平。

(二)防御措施

智能建筑在一、二类建筑物中采用较多,防雷等级通常为一、二级,一级防雷的冲击接地电阻应小于 $10\ \Omega$,二级防雷的冲击接地电阻不大于 $20\ \Omega$,公用接地系统的接地电阻应小于或等于 $1\ \Omega$。在工程中,将屋面避雷带、避雷网、避雷针或混合组成的接闪器作为接闪装置,利用建筑物的结构柱内钢筋作为引下线,以建筑物基础地梁钢筋、承台钢筋或桩基主筋为接地装置,并用接地线将它们良好焊接。与此同时,将屋面金属管道、金属构件、金属设备外壳等与接闪装置进行连接,将建筑物外墙金属构件或钢架、建筑物外圈梁与引下线进行连接,从而形成闭合可靠的"法拉第笼"。在建筑物内,将智能系统中的设备外壳、金属配线架、敷线桥架、穿线金属管道等与总等电位或局部等电位相连。在配电系统中的高压柜、低压柜安装避雷器的同时,在智能系统电源箱及信号线箱中安装电涌保护器,以达到综合防御雷击的目的,确保智能建筑的安全。

(三)安保措施

安全防范系统必须对建筑物的主要环境,包括内部环境和周边环境进行全面有效地全天候的监视,对建筑物内部的人身、财产、文件资料、设备等的安全起到重要的保障作用。现代建筑的高层化、大型化以及功能的多样化,向安保系统提出了更新、更高的要求。现代社会的安保系统,不仅要以保证安全为目标,还应充分与各类现代科学技术相结合,不断完善自身功能,并提高系统的信息化水平。

(四)节能趋势

建筑的节能趋势已成为世界范围内的潮流。因此,我国建筑事业的改革和发展也必须顺应节能趋势的要求。建筑的节能趋势,有其产生的客观性和必然性,因此,这一趋势是不会以人的主观意志为转移的。进入 21 世纪,我国的建筑业必须以节能和环保为重点,实现建筑的可持续发展,遵循节约化、生态化、人性化、无害化、集约化等基本原则。

20 世纪 70 年代,爆发了世界范围的能源危机,这次能源危机的爆发也使世界各国认识到了节约能源的重要性。在社会整体能耗中,建筑能耗占有较大的比例,因此,各国都将降低建筑能耗作为节能的重要途径。目前,经过各方面的努力,发达国家单位面积的建筑能耗已有大幅度的降低。以与我国北京地区采暖日数相近的一些发达国家为例,相较于北京来说,这些发达国家新建建筑每年在采暖上的能耗已经由能源危机时的 300 kW·h/m² 降低至 150 kW·h/m² 左右,未来还将继续下降至 30～50 kW·h/m²。

对于建筑节能来说,提高建筑的能量利用效率是实现建筑节能的关键。因此,从这一点上来说,建筑项目的设计、节能标准的制定等,都必须从提高建筑能量利用效率出发。智能建筑作为现代化的建筑,更应做到节能。这是因为,用户/开发商建设智能建筑不仅是要获得现代化的服务和安全舒适的环境,更是要在实现以上要求的同时,大幅降低智能建筑的能耗,从而在能耗上为建筑的运行节省成本。

从我国可持续发展的原则以及目前的实际国情来看,要实现低能耗、低成本、可持续的智能建筑,具体应包含以下六方面的技术措施:第一,减少有限资源的利用;第二,加强对可再生能源的开发和利用;第三,遵循环境人文主义;第四,最小化场地影响;第五,空间设计结合现代艺术设计理念;第六,相关设备与系统信息化。

追求健康、舒适、安全、便捷的工作和生活环境,是人们对于环境共同的愿望和目标。同样地,智能建筑也以人们对于环境的需求为基础,并且通过不断的发展和完善来为人们提供更优质的环境。因此,对于智能建筑来说,在未来,其应以信息化和节能为目标,满足四方面的要求:第一,建筑环境保持冬暖夏凉;第二,保持通畅的通风环境;第三,在光环境营造上,加大对自然光的利用;第四,在各类能耗设备的控制上实现集中控制与局部手动控制的结合,既满足用户对于环境的实际要求,又做到尽量减少能耗。

第一章　建筑工程施工信息化技术研究

第一节　建筑工程的信息化施工管理

建筑工程信息化系统工程的施工管理包括四个阶段:施工准备、施工过程、调试开通和质量验收。

一、施工准备

第一,学习和掌握有关建筑工程的设计规范和施工验收规范。

第二,熟悉和审查建筑工程施工图纸。包括学习图纸,了解图纸设计意图,掌握设计内容和技术条件,会审图纸,核对土建与安装图纸之间有无矛盾和错误,明确各专业之间的配合关系。

第三,确定建筑系统施工工期的时间表。该施工工期表包括系统施工图的确认或二次深化设计、设备选购、管线施工、设备安装前单体验收、设备安装、系统调试开通、系统竣工验收和培训等。

第四,建筑安装工程技术交底。明确所承担施工任务的特点、技术质量要求、系统的划分、施工工艺、施工要点和注意事项等,做到心中有数,以利于有计划、有组织、多快好省地完成任务。还要明确对工程技术的具体要求、安全措施、施工程序和配制等。

第五,建筑安装工程施工预算。建筑安装工程预算,按不同的设计阶段编制可以分为:设计概算、施工图预算、设计预算等。

第六,施工组织设计。施工组织设计包括施工组织总体设计、施工组织设计和施工方案。

二、施工过程

配合土建工程及其他工程,注意和遵循其施工规律。

(一)预留孔洞和预埋管线与土建工程的配合

第一,在土建基础施工中,应做好接地工程引线孔、地坪中配管的过墙孔、电缆过墙保护管和进线管的预埋工作。

第二，在土建初期的地下层工程中，应做好建筑系统线槽孔洞预留和消防、安全防范系统管线的预埋。

第三，在地坪施工阶段中，地坪内配管的过墙孔尺寸应根据线管外径、根数和埋设部位来决定。

第四，在内线工程中，应做这些工作：墙体上建筑系统经常需要做暗管配线敷设、预留孔洞等；预制梁柱结构中应预埋管道、钢板、木砖或预留钢筋头，在浇筑混凝土前安装好管道和固定件；预制楼板安装时，要安排好管线排列次序，选择安装接线盒位置，使接线盒布置对称，成排安装；线管在楼板缝中暗配，可不用接线盒，直接将管子伸下；混凝土地面浇筑前，将地面中的管子安放好，敷设好室内的接地线，安装好各种箱体的基础型钢，预埋好设备用地脚螺栓固定；屋面施工中，如有共用天线避雷装置，要在预制或现浇的檐口或女儿墙顶部预埋避雷线支持件，与避雷母线焊接，预埋好设备固定共用天线的拉锚。

（二）线槽架的施工与土建工程的配合

线槽架的安装施工，在土建工程基本结束以后，与其他管道（风管、给排水管）的安装同步进行，也可稍迟于管道安装一段时间，但必须解决好弱电线槽架与管道在空间位置上的合理安置和配合。

（三）管线施工与装饰工程的配合

配线和穿线工作，在土建工程完全结束以后，与装饰工程同步进行，进度安排应避免装饰工程结束以后，造成穿线敷设的困难。

首先，在吊顶内敷设管线与装饰工程需配合进行，做好吊顶上面管线敷设工作，在吊顶面板上开孔，留出接线盒。

其次，在轻型复合墙或轻型壁板中配管，测量好接线盒的准确位置，计划好管子走向，与装修人员配合挖孔挖洞。

（四）各控制室布置与装饰工程的配合

各控制室的装饰应与整体的装饰工程同步，弱电系统设备的定位、安装、接线端连接，应在装饰工程基本结束时开始。

三、调试开通

建筑系统所包含的子系统种类很多，性能指标和功能特点差异很大。调试开通时一般先进行单体设备或部件调试，而后局部或区域调试，最后整体系统调试,具体调试按系统种类确定。

四、质量验收

(一)质量验收类型

1.隐蔽工程验收

建筑工程安装中的线管预埋、直埋电缆、接地极等都属隐蔽工程,这些工程在下道工序施工前,应由建设单位代表(或监理人员)进行隐蔽工程检查验收,并认真做好隐蔽工程验收手续,归入技术档案。

2.分项工程验收

某阶段工程结束,或某一分项工程完工后,由建设单位会同设计单位进行分项验收;有些单项工程则由建设单位申报当地主管部门进行验收。

3.竣工验收

工程竣工验收是对整个工程建设项目的综合性检查验收。在工程正式验收前,由施工单位进行预验收,检查有关的技术资料、工程质量,发现问题及时解决,再由建设单位会同设计单位并由建设单位申报当地主管部门进行验收。

(二)质量验收程序和组织

检验批及分项工程应由监理工程师(建设单位项目专业技术负责人)组织施工单位项目专业质量(技术)负责人等进行验收。

分部工程应由总监理工程师(建设单位负责人)组织施工单位项目负责人和技术、质量负责人等进行验收。地基与基础、主体结构分部工程的勘察、设计单位项目负责人和施工单位技术、质量部门负责人也应参加相关分部工程验收。

单位工程完工后,施工单位应自行组织有关人员进行检查评定,并向建设单位提交工程验收报告。

建设单位收到工程验收报告后,应由建设单位(项目)负责人组织施工(包含单位)、设计、监理等单位(项目)负责人进行单位(子单位)工程验收。

单位工程有分包单位施工时,分包单位对所承包的工程项目应按本标准规定的程序检查评定,总包单位应派人参加。分包工程完成后,应将工程有关资料交总包单位。

当参加验收各方对工程质量验收意见不一致时,可请当地建设行政主管部门或工程质量监督机构协调处理。单位工程质量验收合格后,建设单位应在规定的时间内将工程施工验收报告和有关文件,报告建设行政主管部门备案。

信息化系统工程验收在各子系统分别调试完成后,演示相应的联动连锁程序。在整个系统验收文件完成以及系统正常运行一个月后,才可进行系统验收。在整个集成系统验收前,也可分别进行集成系统各子系统的工程验收。

第二节　建筑工程施工的信息化质量验收

建筑工程质量验收应包括工程实施的质量控制、系统检测和工程验收。系统试运行应连续进行 120 h,试运行中出现系统故障时,应重新开始计时,直至连续运行满 120 h。

一、分部分项工程的划分

具备独立施工条件并能形成独立使用功能的建筑物及构筑物为一个单位工程。建筑规模较大的单位工程,可将其能形成独立使用功能的部分作为一个子单位工程。

分部工程的划分应按专业性质、建筑部位确定。当分部工程较大或较复杂时,可按材料种类、施工特点、施工程序、专业系统及类别等划分为若干子分部工程。对于单位建筑工程,建筑工程为其中的一个分部工程。根据建筑工程的特点,本规范按照专业系统及类别划分为若干子分部工程。

分项工程应按主要工种、材料、施工工艺、设备类别等进行划分。建筑工程的各子分部分项工程划分如表 1-2-1 所示。

表 1-2-1　建筑工程子分部工程和分项工程划分

子分部工程	分项工程
信息化集成系统	设备安装、软件安装、接口及系统调试、试运行
信息接入系统	安装场地检查
用户电话交换系统	线缆敷设、设备安装、软件安装、接口及系统调试、试运行
信息网络系统	计算机网络设备安装、计算机网络软件安装、网络安全设备安装、网络安全软件安装、系统调试、试运行
综合布线系统	梯架、托盘、槽盒和导管安装,线缆敷设,机框、机架、配线架安装,信息插座安装,链路或信道测试,软件安装,系统调试,试运行

续表

子分部工程	分项工程
移动通信室内信号覆盖系统	安装场地检查
卫星通信系统	安装场地检查
有线电视及卫星电视接收系统	梯架、托盘、槽盒和导管安装,线缆敷设,设备安装,软件安装,系统调试,试运行
公共广播系统	梯架、托盘、槽盒和导管安装,线缆敷设,设备安装,软件安装,系统调试,试运行
会议系统	梯架、托盘、槽盒和导管安装,线缆敷设,设备安装,软件安装,系统调试,试运行
信息导引及发布系统	梯架、托盘、槽盒和导管安装,线缆敷设,显示设备安装,机房设备安装,软件安装,系统调试,试运行
时钟系统	梯架、托盘、槽盒和导管安装,线缆敷设,设备安装,软件安装,系统调试,试运行
信息化应用系统	梯架、托盘、槽盒和导管安装,线缆敷设,设备安装,软件安装,系统调试,试运行
建筑设备监控系统	梯架、托盘、槽盒和导管安装,线缆敷设,传感器安装,执行器安装,控制器箱安装,中央管理工作站和操作分站设备安装,软件安装,系统调试,试运行
火灾自动报警系统	梯架、托盘、槽盒和导管安装,线缆敷设,探测器类设备安装,控制器类设备安装,其他设备安装,软件安装,系统调试,试运行
安全技术防范系统	梯架、托盘、槽盒和导管安装,线缆敷设,设备安装,软件安装,系统调试,试运行
应急响应系统	设备安装,软件安装,系统调试,试运行
机房工程	供配电系统,防雷与接地系统,空气调节系统,给水排水系统,综合布线系统,监控与安全防范系统,消防系统安装,室内装饰装修,电磁屏蔽,系统调试,试运行
防雷与接地	接地装置,接地线,等电位联结,屏蔽设施,电涌保护器安装,线缆敷设,系统调试,试运行

二、建筑工程信息化系统工程质量控制

建筑工程实施的质量控制应对这些内容进行检查:第一,施工现场质量管理检查记录;第二,图纸会审记录,存在设计变更和工程洽商时,还应检查设计变更记录和工程洽商记录;第三,设备材料进场检验记录和设备开箱检验记录;第四,隐蔽工程(随工检查)验收记录;第五,安装质量及观感质量验收记录;第六,自检记录;第七,分项工程质量验收记录;第八,试运行记录。

(一)施工现场质量管理检查记录

施工现场质量管理检查记录应由施工单位填写,项目监理机构总监理工程师(或建设单位项目负责人)做出检查结论,且记录的格式应符合表 1-2-2 的规定。

表 1-2-2　施工现场质量管理检查记录表

系统名称			施工许可证(开工证)	
建设单位			项目负责人	
设计单位			项目负责人	
监理单位			总监理工程师	
施工单位		项目经理	项目技术负责人	
序号	项目		内容	
1	现场质量管理检查制度			
2	施工安全技术措施			
3	主要专业工种操作上岗证书			
4	分包方确认与管理制度			
5	施工图审查情况			
6	施工组织设计、施工方案及审批			
7	施工技术标准			
8	工程质量检验制度			
9	现场设备、材料存放与管理			
10	检测设备、计量仪表检验			
11	开工报告			
12				

续 表

序号	项目	内容
13		
14		

检查结论：

总监理工程师签字：

（建设单位项目负责人）

年　　月　　日

(二)图纸会审记录、设计变更记录和工程洽商记录

图纸会审记录、设计变更记录和工程洽商记录应符合现行国家标准的规定。

(三)设备材料进场检验记录和设备开箱检验记录

设备材料进场检验记录和设备开箱检验记录应符合以下规定：第一，设备材料进场检验记录应由施工单位填写，监理（建设）单位的监理工程师（项目专业工程师）做出检查结论，且记录的格式应符合表1-2-3的规定；第二，设备开箱检验记录应符合现行国家标准的规定。

表 1-2-3　设备材料进场检验表

系统名称：＿＿＿＿＿＿　　工程施工单位：＿＿＿＿＿＿　　　　编号：＿＿＿＿＿

序号	产品名称	规格、型号、产地	主要性能/功能	数量	包装及外观	检测结果		备　注
						合格	不合格	

续表

序号	产品名称	规格、型号、产地	主要性能/功能	数量	包装及外观	检测结果		备　注
						合格	不合格	

续表

序号	产品名称	规格、型号、产地	主要性能/功能	数量	包装及外观	检测结果		备　注
						合格	不合格	

施工单位人员签名：	监理工程师(或建设单位)签名：	检测日期：

注:1. 在检查结果栏,按实际情况在相应空格内打"√",左列打"√"视为合格,右列打"√"视为不合格。

　　2. 备注格内填写产品的检测报告和记录是否齐备。

(四)隐蔽工程(随工检查)验收记录

隐蔽工程(随工检查)验收记录应由施工单位填写,监理(建设)单位的监理工程师(项目专业工程师)做出检查结论,且记录的格式应符合表1-2-4的规定。

表1-2-4　隐蔽工程(随工检查)验收表

系统名称:_____　　　　　　　　　　编号:

建设单位	施工单位	监理单位

	检查内容	检查结果		
		安装质量	楼层(部位)	图号
隐蔽工程 (随工检查) 内容与检查				

验收意见:

续 表

建设单位	施工单位	监理单位
验收人： 日期： 盖章：	验收人： 日期： 盖章：	验收人： 日期： 盖章：

注：1.检查内容包括：①管道排列、走向、弯曲处理、固定方式；②管道连接、管道搭铁、接地；③管口安放护圈标识；④连线盒及桥架加盖；⑤线缆对管道及线间绝缘电阻；⑥线缆接头处理等。

2.检查结果的安装质量栏内，按检查内容序号，合格的打"√"，不合格的打"✕"，并注明对应的楼层(部位)、图号。

3.综合安装质量的检查结果，在验收意见栏内填写验收意见并扼要说明情况。

(五)安装质量及观感质量验收记录

安装质量及观感质量验收记录应由施工单位填写，监理(建设)单位的监理工程师(项目专业工程师)做出检查结论，且记录的格式应符合表1-2-5的规定。

表1-2-5 工程安装质量及观感质量记录验收表

系统(工程)名称：_____   施工单位：_____   编号：_____

设备名称	项目	要求	方法	主观评价	检查结果		抽查百分数
					合格	不合格	

续 表

设备名称	项目	要求	方法	主观评价	检查结果		抽查百分数
					合格	不合格	
检查结果				安装质量 检查结论			
施工单位人员签名：				监理工程师（建设单位）签名：			验收日期：

注:1.在检查结果栏,按实际情况在相应空格内打"√"(左列打"√",视为合格;右列打"√",视为不合格)。

2.检查结果:K(合格率)＝合格数/项目检查数(项目检查数如无要求或实际缺项未检查的,不计在内)。

3.检查结论:K(合格率)$\geqslant 0.8$,判为合格;$K<0.8$,判为不合格。必要时作简要说明。

4.主观评价栏内填写主观评价意见,分"符合要求"和"不符合要求";不符合要求者注明主要问题。

(六)自检记录

自检记录由施工单位填写,施工单位的专业技术负责人做出检查结论,且记录的格式应符合表1-2-6的规定。

表 1 - 2 - 6　自检记录表

工程名称		编号	
系统名称		检测部位	
施工单位		项目经理	
执行标准 名称及编号			

	自检内容	自检结果		备注
		合格	不合格	
主控项目				
一般项目				
强制性条文				

施工单位的自检结论：

专业技术负责人签名：

年　　月　　日

注:1.自检结果栏中,左列打"√"为合格,右列打"√"为不合格。

　　2.备注栏内填写自检时出现的问题。

（七）分项工程质量验收记录

分项工程质量验收记录应由施工单位填写,施工单位的专业技术负责人做出检查结论,监理(建设)单位的监理工程师(项目专业技术负责人)做出验收结论,且记录的格式应符合表1-2-7规定。

表1-2-7　分项工程质量验收记录表

工程名称			结构类型	
分部(子分部)工程名称			检验批数	
施工单位			项目经理	
序号	检验批名称、部位、区段	施工单位检查评定结果	监理(建设)单位验收结论	
1				
2				
3				
4				
5				
6				
7				
8				
9				
10				
11				
12				
13				
说明				
检查结论	施工单位专业技术负责人: 年　月　日		验收结论	监理工程师: (建设单位项目专业技术负责人) 年　月　日

(八)试运行记录

试运行记录应由施工单位填写,监理(建设)单位的监理工程师(项目专业工程师)做出检查结论,且记录的格式应符合表 1-2-8 的规定。

表 1-2-8　系统试运行记录表

系统名称:＿＿＿＿＿＿＿　　　　　　　　　　　　建设(使用)单位:＿＿＿＿＿＿＿

施工单位:＿＿＿＿＿＿＿　　　　　　　　　　　　编号:＿＿＿＿＿＿＿

日期/时间	系统运行情况	备注	值班人
值班长签名:		建设单位代表签名:	

注:系统运行情况栏中,注明正常/不正常,并每班至少填写一次;不正常的在备注栏内扼要说明情况(包括修复日期)。

(九)软件产品的质量控制

软件产品的质量控制除应检查规范规定的内容外,还应检查文档资料和技术指标,并应符合以下规定:第一,商业软件的使用许可证和使用范围应符合合同要求;第二,针对工程项目编制的应用软件,测试报告中的功能和性能测试结果应符合工程项目的合同要求。

(十)接口的质量控制

接口的质量控制除应检查规范规定的内容外,还应符合以下规定:第一,接口技术文件应符合合同要求。接口技术文件应包括接口概述、接口框图、接口位置、接口类型与数量、接口通信协议、数据流向和接口责任边界等内容;第二,根据工程项目实际情况修订的接口技术文件应经过建设单位、设计单位、接口提供单位和施工单位签字确认;第三,接口测试文件应符合设计要求。接口测试文件应包括测试链路搭建、测试用仪器仪表、测试方法、测试内容和测试结果评判等内容;第四,接口测试应符合接口测试文件要求。测试结果记录应由接口提供单位、施工单位、建设单位和项目监理机构签字确认。

三、系统检测

系统检测应在系统试运行合格后进行。

(一)检测准备工作

1.资料

系统检测前应提交以下资料。

第一,工程技术文件。

第二,设备材料进场检验记录和设备开箱检验记录。

第三,自检记录。

第四,分项工程质量验收记录。

第五,试运行记录。

2.系统检测的组织

系统检测的组织应符合以下规定。

第一,建设单位应组织项目检测小组。

第二,项目检测小组应指定检测负责人。

第三,公共机构的项目检测小组应由有资质的检测单位组成。

(二)系统检测

系统检测应符合以下规定。

第一,应依据工程技术文件和规范规定的检测项目、检测数量及检测方法编制系统检测方案,检测方案应经建设单位或项目监理机构批准后实施。

第二,应按系统检测方案所列检测项目进行检测,系统检测的主控项目和一般项目应符合规范的规定。

第三,系统检测应按照先分项工程,再子分部工程,最后分部工程的顺序进行,并填写"分项工程检测记录""子分部工程检测记录"和"分部工程检测汇总记录"。

第四,分项工程检测记录由检测小组填写,检测负责人做出检测结论,监理(建设)单位的监理工程师(项目专业技术负责人)签字确认,且记录的格式应符合表 1-2-9 规定。

表 1-2-9　分项工程检测记录表

工程名称		编号	
子分部工程			
分项工程名称		验收部位	
施工单位		项目经理	
施工执行标准 名称及编号			
检测项目及抽检数	检测记录		备注

续　表

检测项目及抽检数	检测记录	备注

检测结论：

监理工程师签字：　　　　　　　　　　　　　　检测负责人签字：
（建设单位项目专业技术负责人）
　　　　　　　　年　　月　　日　　　　　　　　　　　年　　月　　日

　　第五，子分部工程检测记录由检测小组填写，检测负责人做出检测结论，监理（建设）单位的监理工程师（项目专业技术负责人）签字确认，且记录的格式应符合各子分部工程检测记录规定（见表1-2-10～表1-2-12）。

表 1-2-10　综合布线系统子分部工程检测记录表

工程名称			编号			
子分部名称	综合布线系统		检测部位			
施工单位			项目经理			
执行标准名称及编号						
	检测内容	规范条款	检测结果记录	结果评价		备注
				合格	不合格	
主控项目	对绞电缆链路或信道和光纤链路或信道的检测	8.0.5				

续 表

	检测内容	规范条款	检测结果记录	结果评价		备注
				合格	不合格	
一般项目	标签和标识检测,综合布线管理软件功能	8.0.6				
	电子配线架管理软件	8.0.7				

检测结论:

监理工程师签字: 检测负责人签字:

(建设单位项目专业技术负责人)

   年   月   日   年   月   日

注:1.自检结果栏中,左列打"√"为合格,右列打"√"为不合格。

    2.备注栏内填写检测时出现的问题。

表 1-2-11 建筑设备监控系统子分部工程检测记录

工程名称		编号	
子分部名称	综合布线系统	检测部位	
施工单位		项目经理	
执行标准名称及编号			

续 表

	检测内容	规范条款	检测结果记录	结果评价		备注
				合格	不合格	
主控项目	暖通空调监控系统的功能	17.0.5				
	变配电监测系统的功能	17.0.6				
	公共照明监控系统的功能	17.0.7				
	给排水监控系统的功能	17.0.8				
	电梯和自动扶梯:监测系统启停、上下行、位置、故障等运行状态显示功能	17.0.9				
	能耗监测系统,能耗数据显示、记录、统计、会中及趋势分析等功能	17.0.10				
	中央管理工长站与操作分站功能及权限	17.0.11				
	系统实用性	17.0.12				
	系统可能性	17.0.13				

检测结论:

监理工程师签字:　　　　　　　　　　　　　　　　检测负责人签字:
(建设单位项目专业技术负责人)
　年　　月　　日　　　　　　　　　　　　　　　　　年　　月　　日

注:1.自检结果栏中,左列打"√"为合格,右列打"√"为不合格。
　　2.备注栏内填写检测时出现的问题。

表 1 - 2 - 12 安全技术防范系统子分部工程检测记录

工程名称		编号			
子分部名称	综合布线系统	检测部位			
施工单位		项目经理			
执行标准名称及编号					

	检测内容	规范条款	检测结果记录	结果评价		备注
				合格	不合格	
主控项目	安全防范综合管理系统功能	19.0.5				
	视频安防监控系统的控制功能、监视功能、显示功能、储存功能、回放功能、报警联动功能和图像丢失报警功能	19.0.6				
	入侵报警系统的入侵报警功能、防破坏及故障报警功能、记录及显示功能、系统自检功能、系统报警响应时间、报警复核功能、报警声级、报警优先功能	19.0.7				
	出入口控制系统的出入目标读装置功能、信息处理/控制设备功能、执行机构功能、报警功能和访客对讲功能	19.0.8				
	电子巡查系统的巡查设置功能、记录打印功能、管理功能	19.0.9				
	停车库(场)管理系统的识别功能、控制功能、报警功能、出票验票功能、管理功能和显示功能	19.0.10				

续　表

一般项目	监控中心管理软件中电子地图显示的设备位置	19.0.11			
	安全性及电磁兼容性	19.0.12			

检测结论：

监理工程师签字：　　　　　　　　　　　　　　检测负责人签字：

（建设单位项目专业技术负责人）

　　年　　月　　日　　　　　　　　　　　　　年　　月　　日

注：1.自检结果栏中,左列打"√"为合格,右列打"√"为不合格。

　　2.备注栏内填写检测时出现的问题。

第六,分部工程检测汇总记录由检测小组填写,检测负责人做出检测结论,监理(建设)单位的监理工程师(项目专业技术负责人)签字确认,且记录的格式应符合表1-2-13规定。

表 1-2-13　分部工程检测总记录表

工程名称				编　号	
设计单位			施工单位		
子部分名称	序号	内容及问题	检测结果		
			合格	不合格	

续表

子部分名称	序号	内容及问题	检测结果	
			合格	不合格

检测结论:

检测负责人签字:

年　　月　　日

注:在检测结果栏,按实际情况在相应空格内打"√"(左列打"√"为合格,右列打"√"为不合格)。

　　第七,检测结论与处理应符合以下规定:检测结论应分为合格和不合格;主控项目有一项及以上不合格的,系统检测结论应为不合格,一般项目有两项及以上不合格的,系统检测结论应为不合格;被集成系统接口检测不合格的,被集成系统和集成系统的系统检测结论均应为不合格;系统检测不合格时,应限期对不合格项进行整改,并重新检测,直至检测合格。重新检测时抽检应扩大范围。

四、系统验收

建设单位应按合同进度要求组织人员进行工程验收。

(一)系统工程验收应具备的条件

第一,按经批准的工程技术文件施工完毕。
第二,完成调试及自检,并出具系统自检记录。
第三,分项工程质量验收合格,并出具分项工程质量验收记录。
第四,完成系统试运行,并出具系统试运行报告。
第五,系统检测合格,并出具系统检测记录。
第六,完成技术培训,并出具培训记录。

(二)工程验收组织的规定

第一,建设单位应组织工程验收小组负责工程验收。
第二,工程验收小组的人员应根据项目的性质、特点和管理要求确定,并应推荐组长和副组长;验收人员的总数应为单数,其中专业技术人员的数量不应低于验收人员总数的50%。
第三,验收小组应对工程实体和资料进行检查,并做出正确、公正、客观的验收结论。

(三)工程验收文件

第一,竣工图纸。
第二,设计变更记录和工程洽商记录。
第三,设备材料进场检验记录和设备开箱检验记录。
第四,分项工程质量验收记录。
第五,试运行记录。
第六,系统检测记录。
第七,培训记录和培训资料。

(四)工程验收小组的工作

第一,检查验收文件。
第二,检查观感质量。
第三,抽检和复核系统检测项目。

(五)工程验收记录的规定

第一,应由施工单位填写"分部(子分部)工程质量验收记录表",设计单位的项目负责人和项目监理机构总监理工程师(建设单位项目专业负责人)做出检查结论,且记录的格式应符合表 1-2-14 规定。

表 1-2-14　分部(子分部)工程质量验收记录表

工程名称		结构类型		层数	
施工单位		技术负责人		质量负责人	

序号	子分部(分项)工程名称	分项工程(检验批)数	施工单位检查评定	验收意见

续　表

质量控制资料					
安全和功能检验（检测)报告					
观感质量验收					
验收单位	施工单位		项目经理		年　　月　　日
	设计单位		项目负责人		年　　月　　日
	监理(建设)单位				

　　第二,应由施工单位填写"工程验收资料审查记录表",项目监理机构总监理工程师(建设单位项目负责人)做出检查结论,且记录的格式应符合表1-2-15规定。

表 1-2-15　工程验收资料审查记录表

工程名称		施工单位		
序号	资料名称	份数	审核意见	审核人
1	图纸会审、设计变更、洽商记录、竣工图及设计说明			
2	材料、设备出厂合格证、技术文件及进场检(试)验报告			
3	隐蔽工程验收记录			
4	系统功能测定及设备调试记录			
5	系统技术、操作和维护手册			
6	系统管理、操作人员培训记录			
7	系统检测报告			
8	工程质量验收记录			

续 表

工程验收结论：

　　　　　　　　　　　　　　　　　　　　　总监理工程师：

施工单位项目经理：　　　　　　　　　　（建设单位项目负责人）
　　　　年　　月　　日　　　　　　　　　　　　　年　　月　　日

　　第三,应由施工单位填写"验收结论汇总记录表",验收小组做出检查结论,且记录的格式应符合表1-2-16规定。

表1-3-3　验收结论汇总记录表

工程名称		编号	
设计单位		施工单位	
工程实施的资料控制检验结论		验收人签名：　　年　月　日	
系统检测结论		验收人签名：　　年　月　日	
系统检测抽检结果		验收人签名：　　年　月　日	
观感质量验收		验收人签名：　　年　月　日	
资料审查结论		验收人签名：　　年　月　日	
人员培训考评结论		验收人签名：　　年　月　日	
运行管理队伍及规章制度审查		验收人签名：　　年　月　日	
设计等级要求评定		验收人签名：　　年　月　日	
系统验收结论：		验收小组组长签名： 日期：	

续 表

建议与要求：

验收组长、副组长签名：

注：1.本汇总表须附本附录所有表格、行业要求的其他文件及出席验收会与验收机构人员
名单（签到）。

2.验收结论一般填写"合格"或"不合格"。

（六）工程验收结论与处理的规定

第一，工程验收结论应分为合格和不合格。

第二，规范规定的工程验收文件齐全、观感质量符合要求且检测项目合格
时，工程验收结论应为合格，否则应为不合格。

第三，当工程验收结论为不合格时，施工单位应限期整改，直到重新验收合
格；整改后仍无法满足使用要求的，不得通过工程验收。

第三节 建筑工程信息化系统综合管线敷设

建筑工程信息化系统综合管线敷设是指智能建筑中各子系统的管路和线缆
敷设。建筑工程信息化系统的线缆一般包括智能建筑所使用的各种通信电缆、
视频电缆、信号电缆和电力电缆以及不同系统所使用的特殊线缆。

线缆敷设在室外主要采用直埋、电缆管道、电缆沟和电缆隧道、架空等方式，
在室内主要采用电缆沟、桥架、线槽、分隔槽、电线管、矩形管、网络地板、扁平电
缆和明敷电缆等方式。不同线缆在建筑物内、外的敷设方式和施工技术要求，与
建筑电气系统线缆施工的要求基本相同，在施工中除必须遵守建筑电气系统线

缆施工的具体要求外,针对不同的系统特点有各自特殊的施工技术要求。

一、智能建筑系统综合管线敷设施工准备

第一,施工前应将各系统的桥架、线管进行综合布置、安排,经深化设计后应绘制信息化系统施工图,并经会审批准。

第二,施工单位应配合工程总承包单位和设计单位完成各专业综合管路布排设计。

第三,材料准备应符合以下规定:桥架、线管、线缆规格和型号应符合设计要求,并应有产品合格证及检测报告;桥架、线管部件应齐全,表面光滑、涂层完整、无锈蚀;金属导管应无裂纹、毛刺、飞边、沙眼、气泡等缺陷,且壁厚应均匀,管口应平整;绝缘导管及配件应完好,表面应有阻燃标记;线缆宜进行通、断及线间的绝缘检查。

第四,桥架安装中的弯头、三通等配件,宜采用桥架专业生产厂家制作的合格成品。由于生产条件的限制,自制配件很可能达不到桥架安装质量要求。目前普遍采用内膨胀与通丝安装吊架。安装防晃动支架,可避免桥架晃动,消除不安全因素。当线路较长或弯曲较多时,应加装拉线盒(箱)或加大管径,便于线缆布放。镀锌钢管严禁熔焊,否则会破坏镀锌层。

二、智能建筑系统管路安装

(一)桥架安装的规定

第一,桥架切割和钻孔断面处,应采取防腐措施。

第二,桥架应平整,无扭曲变形,内壁无毛刺,各种附件应安装齐备,紧固件的螺母应在桥架外侧,桥架接口应平直、严密,盖板应齐全、平整。

第三,桥架经过建筑物的变形缝(包括沉降缝、伸缩缝、抗震缝等)处应设置补偿装置,保护地线和桥架内线缆应留补偿余量。

第四,桥架与盒、箱、柜等连接处应采用抱脚或翻边连接,并应用螺丝固定,末端应封堵。

第五,水平桥架底部与地面距离不宜小于 2.2 m,顶部距楼板不宜小于 0.3 m,与梁的距离不宜小于 0.05 m,桥架与电力电缆间距不宜小于 0.5 m。

第六,桥架与各种管道平行或交叉时,其最小净距应符合《建筑电气工程施工质量验收规范》(GB 50303—2015)中的相关规定。

第七,敷设在竖井内和穿越不同防火分区的桥架及管路孔洞,应有防火封堵。

第八,弯头、三通等配件,宜采用桥架生产厂家制作的成品,不宜在现场加工制作。

(二)支吊架安装的规定

第一,支吊架安装直线段间距宜为 1.5~2 m,同一直线段上的支吊架间距应均匀。

第二,在桥架端口、分支、转弯处不大于 0.5 m 内,应安装支吊架。

第三,支吊架应平直且无明显扭曲,焊接应牢固且无显著变形,焊缝应均匀平整,切口处应无卷边、毛刺。

第四,支吊架采用膨胀螺栓连接固定应紧固,且应配装弹簧垫圈。

第五,支吊架应做防腐处理。

第六,采用圆钢作为吊架时,桥架转弯处及直线段每隔 30 m 应安装防晃支架。

(三)线管安装的规定

第一,导管敷设应保持管内清洁干燥,管口应有保护措施并进行封堵处理。

第二,明配线管应横平竖直、排列整齐。

第三,明配线管应设管卡固定,管卡应安装牢固。管卡设置应符合下列规定:在终端、弯头中点处的 150~500 mm 范围内应设管卡;在距离盒、箱、柜等边缘的 150~500 mm 范围内应设管卡;在中间直线段应均匀设置管卡。管卡间的最大距离应符合国家标准《建筑电气工程施工质量验收规范》中的相关规定。

第四,线管转弯的弯曲半径不应小于所穿入线缆的最小允许弯曲半径,且不应小于该管外径的 6 倍;当暗管外径大于 50 mm 时,不应小于 10 倍。

第五,砌体内暗敷线管埋深不应小于 15 mm,现浇混凝土楼板内暗敷线管埋深不应小于 25 mm,并列敷设的线管间距不小于 25 mm。

第六,线管与控制箱、接线箱、接线盒等连接时,应采用锁母将管口固定牢固。

第七,线管穿过墙壁或楼板时应加装保护套管,穿墙套管应与墙面平齐,穿楼板套管上口宜高出楼面 10~30 mm,套管下口应与楼面平齐。

第八,与设备连接的线管引出地面时,管口距地面不宜小于 200 mm;当从地下引入落地式箱、柜时,宜高出箱、柜内底面 50 mm。

第九,线管两端应设有标志,管内不应有阻碍,并应穿带线。

第十,吊顶内配管,宜使用单独的支吊架固定,支吊架不得架设在龙骨或其他管道上。

第十一，配管通过建筑物的变形缝时，应设置补偿装置。

第十二，镀锌钢管宜采用螺纹连接，镀锌钢管的连接处应采用专用接地线卡固定跨接线，跨接线截面不应小于 4 mm²。

第十三，非镀锌钢管应采用套管焊接，套管长度应为管径的 1.5～3 倍。

第十四，焊接钢管不得在焊接处弯曲，弯曲处不得有弯曲、折皱等现象，镀锌钢管不得加热弯曲。

第十五，套接紧定式钢管连接应符合以下规定：钢管外壁镀层应完好，管口应平整、光滑、无变形；套接紧定式钢管连接处应采取密封措施；当套接紧定式钢管管径大于或等于 32 mm 时，连接套管每端的紧定螺钉不应少于 2 个。

第十六，室外线管敷设应符合以下规定：室外埋地敷设的线管，埋深不宜小于 0.7 m，壁厚应大于或等于 2 mm；埋设于硬质路面下时，应加钢套管，人（手）孔井应有排水措施；进出建筑物线管应做防水坡度，坡度不宜大于 15‰；同一段线管短距离不宜有 S 弯；线管进入地下建筑物，应采用防水套管，并应做密封防水处理。

(四)线盒安装的规定

第一，钢导管进入盒（箱）时应一孔一管，管与盒（箱）的连接应采用爪型螺纹接头管连接，且应锁紧，内壁应光洁，便于穿线。

第二，线管路有以下情况之一者，中间应增设拉线盒或接线盒，其位置应便于穿线：管路长度每超过 30 m 且无弯曲；管路长度每超过 20 m 且仅有一个弯曲；管路长度每超过 15 m 且仅有两个弯曲；管路长度每超过 8 m 且仅有三个弯曲；线缆管路垂直敷设时管内绝缘线缆截面宜小于 150 mm²，当长度超过 30 m 时，应增设固定用拉线盒；信息点预埋盒不宜同时兼做过线盒。

三、智能建筑系统电缆的敷设

电缆结构是导体、绝缘层及其保护层都容于一个整体之中的，所以电缆线路工程实际就是电缆的敷设问题，电缆可以敷设于室外，也可以敷设在室内。其主要敷设方式有直接埋地敷设、电缆沿沟支架敷设、电缆隧道内敷设、电缆桥架敷设、电缆线槽敷设和电缆竖井内敷设。在电气设备消耗量定额中列有电缆埋地敷设、穿管敷设、沿竖直通道敷设以及其他方式敷设。电缆的敷设一般应满足《电力工程电缆设计规范》(GB 5017—2016)中关于电缆敷设的要求，建筑工程信息化系统所用电缆大部分为弱电线缆，相关敷设应满足《综合布线系统工程设计规范》《民用建筑电气设计规范》《建筑电气工程实施质量验收规范》《通信管道与通信工程设计规范》的要求。

（一）一般规定

电缆的敷设方式比较多,究竟选择哪种敷设方式,应根据工程条件、电缆线路的长短、电缆的数量等条件具体决定,但是作为施工单位,只能依据设计图纸进行施工。电缆敷设时应遵循以下规定。

第一,电缆型号、规格应符合施工图样的要求。

第二,电缆敷设时不应损坏电缆沟、隧道、电缆井和人井的防水层。

第三,并联运行的电力电缆,其长度、型号、规格应相同。

第四,电缆敷设时,在以下各处应预留一定长度:在电缆进出建筑物处;电缆中间头、终端头;进入高压柜、低压柜、动力箱处;过建筑物伸缩缝、过电缆井等处。电缆直埋敷设时还得预留"波纹长度",一般按 1.5%～2.5%,以防热胀冷缩受到拉力。电气安装工程定额也对电话电缆和射频同轴电缆长度预留了20%的裕度。

第五,敷设电缆时不宜交叉,应排列整齐,加以固定,并及时装设标志牌。装设标志牌应符合以下要求:在电缆终端头、电缆中间接头、拐弯处、夹层内及竖井的两端、人井内等地方应装设标志牌;标志牌上应注明线路编号(当设计无编号时,则应注明规格、型号及起始点),标志牌的字迹应清晰不易脱落。当无编号时,应写明电缆型号、规格及起讫地点,并联使用的电缆应有顺序号;标志牌的规格应统一,标志牌应能防腐,挂装应牢固。需要强调的是,电缆的固定也应符合要求。一是在这些地方应将电缆加以固定:垂直敷设或超过 45°倾斜敷设的电缆在每个支架上,桥架上每隔 2 m 处;水平敷设的电缆,在电缆首末两端及转弯、电缆接头的两端处,当对电缆间距有要求时,每隔 5～10 m 处。单芯电线的固定应符合设计要求。二是交流系统的单芯电缆或分相后的分相铅套电缆的固定夹具不应构成闭合磁路。三是裸铅(铝)套电缆的固定处,应加软衬垫保护。四是护层有绝缘要求的电缆,在固定处应加绝缘衬垫。

第六,电力电缆接头盒位置应符合要求。地下并列敷设的电缆,接头盒的位置宜相互错开;接头盒外面应有防止机械损伤的保护盒(环氧树脂接头盒除外)。位于冻土层的保护盒,盒内应注满沥青,以防止水分进入盒内因冻胀而损坏电缆接头。

第七,电缆进入电缆沟、竖井、建筑物以及穿入管子时,出入口应封闭,管口应封闭。

（二）电缆的敷设方法及施工注意事项

电缆线路安装应具备以下条件。

第一，相关预留孔洞、预埋件、电缆沟、隧道、竖井及人孔等土建工程结束且无积水，安置牢固；电缆沟、隧道、竖井及人孔等处的地坪及抹面工作结束。

第二，电缆敷设沿线无障碍物，电缆层、电缆沟、隧道等处的施工临时设施、模板及建筑废料等清理干净，施工用道路畅通，盖板齐全。

第三，敷设电缆用的脚手架搭设完毕且符合安全要求。

第四，电缆竖井内敷设沿线照明应满足施工要求。

第五，直埋电缆沟按规范要求挖好，电缆竖井施工完毕，底砂铺完并清除沟内杂物，盖板及砂子运到沟旁。

1. 电缆直接埋地敷设

电缆直埋是指沿已确定的电缆线路挖掘沟道，将电缆埋在挖好的地下沟道内。因电缆直接埋设在地下不需要其他设施，故电缆直埋敷设的施工简便且造价低，节省材料。同时，由于埋在地下，电缆的散热性能好，对提高电缆的载流量有一定的好处。但电缆直埋敷设同样存在容易受土壤中酸碱物质腐蚀的缺点。一般沿同一路径敷设的电缆根数较少（6根以下），敷设的距离较长时多采用此法；而多于6根时则宜采用电缆沟内沿支架敷设方式。在电缆线路路径上有可能使电缆受到机械性损伤、化学作用、地下电流、振动、热影响、腐殖物质、虫鼠等危害的地段，应采取保护措施。埋地敷设的电缆宜采用有外护层的铠装电缆。电缆直埋敷设的施工方法比较简单，基本施工程序如下：测量画线→开挖电缆沟→铺砂或软土（100 mm厚）→敷设电缆→盖砂或软土（100mm厚）→盖砖或保护板→回填土→设置标桩。电缆沟的形状及电缆埋设示意如图1-3-1所示。

图1-3-1 电缆埋设示意图

在敷设电缆时，应首先把运到现场的电缆进行核算，确定电缆的长度和中间头的安装位置。注意不要把电缆的接头放在道路的交叉处、建筑物的大门口以及其他管道交叉的地方,如在同一条电缆沟内有数条电缆并列敷设时,电缆接头的位置应相互错开,使接头保持在 2 m 以上的距离,以便日后检修。电缆的敷设一般有两种方法:人工敷设和机械牵引敷设。电缆的上、下均须铺以不小于100 mm 厚的细砂或软土,再在上面铺盖一层砖或水泥预制保护盖板,其覆盖宽度应超过电缆两侧各 50 mm,以便将来挖土时,不易损伤电缆。电缆沟回填土应充分填实,覆土应高于地面 150~200 mm,以备松土沉陷。完工后,沿电缆线路的两端和转弯处均应竖立一根露在地面上的混凝土标桩,在标桩上注明电缆的型号、规格、敷设日期和线路走向等等,以便日后检修。

电缆埋地敷设的其他要求:第一,必须使用铠装及防腐层保护的电缆;第二,电缆在室外直接埋地敷设时,电缆上部外皮至地面的深度不小于 0.7 m;第三,经过农田或 66 kV 以上的电缆敷设时,埋设深度不应小于 1 m;第四,当遇到障碍物或冻土层较深的地方,则应适当加深,使电缆埋设于冻土层之下,当无法埋深时,要采取措施,防止电缆受到损伤;第五,当电缆与铁路、公路、城市街道、厂区道路交叉时,应敷设于坚固的保护管或隧道内;第六,电缆保护管顶面距轨底或公路面的距离不应小于 1 m,保护管的两端宜伸出路基两边各 2 m,伸出排水沟 0.5 m,跨城市街道宜伸出车道路面;第七,多根电缆同敷于一沟时,10 kV 以下电缆平行距离平均为 170 mm,10 kV 以上为 350 mm;第八,电缆埋地敷设时,要留有电缆全长的 1.5%~2.5%曲折弯长度。

需要强调的是,严禁将电缆平行敷设于管道的上方或下方,特殊情况应按以下规定执行:第一,不同使用部门的电缆,不同电压等级的电缆敷设于同一电缆沟内时,电缆与电缆之间用砖或隔板隔开,电缆间的平行距离可降为 100 mm,若电缆与电缆之间不隔开,电缆间的平行距离不得小于 500 mm;第二,电力电缆间、控制电缆间以及它们相互之间,不同使用部门的电缆间在交叉点前后 1 m范围内,当电缆穿入管中或用隔板隔开时,其交叉净距可降为 250 mm;第三,电缆与热管道(沟)、油管道(沟)、可燃气体及易燃液体管道(沟)、热力设备或其他管道(沟)之间,虽净距能满足要求,但检修管路可能伤及电缆时,在交叉点前后1 m范围内,尚应采取保护措施,当交叉净距不能满足要求时,应将电缆穿入管中,其净距可减为 250 mm;第四,通过河流的电缆,应敷设于河床稳定及河岸很少受到冲损的地方,在码头、锚地、港湾、渡口及有船停泊处敷设电缆时,必须采取可靠的保护措施,当条件允许时,应深埋敷设。

2.电缆穿保护管敷设

当电缆与铁路、公路、城市街道、厂区道路交叉,电缆进建筑物隧道,穿过楼板及墙壁以及其他可能受到机械损伤的地方时,应预先埋设电缆保护管,然后将电缆穿在管内。这样能防止电缆受到机械损伤,而且便于检修时电缆的拆换。电缆保护管的管材有多种,定额中列有铸铁管、混凝土管、石棉水泥管、钢管、塑料管。管的内径应不小于电缆直径的 1.5 倍,且敷设时要有 0.1% 的坡度。管道内部应清洁,无杂物堵塞。如果采用钢管,应在埋设前将管口加工成喇叭形,在电缆穿管时,可以防止管口割伤电缆。电缆穿管时,应符合以下规定:第一,每根电力电缆应单独穿入一根管内,但交流单芯电力电缆不得穿入钢管内;第二,裸铠装控制电缆不得与其他外护套电缆穿入同一根管内;第三,敷设在混凝土管、陶土管、石棉水泥管的电缆,可使用塑料护套电缆。

电缆管不应有穿孔、裂缝和显著的凹凸不平,内壁应光滑,金属电缆管不应有严重锈蚀。硬质塑料管不得用在温度过高或过低的场所。在易受机械损伤的地方和在受力较大处直埋时,应采用足够强度的管材。电缆管的加工应符合以下要求:第一,管口应无毛刺和尖锐棱角,管口宜做成喇叭形;第二,电缆管在弯制后,不应有裂缝和显著的凹瘪现象,其弯扁程度不宜大于管子外径的 10%,电缆管的弯曲半径不应小于所穿入电缆的最小允许弯曲半径;第三,金属电缆管应在外表涂防腐漆或涂沥青,镀锌管锌层剥落处也应涂以防腐漆。

混凝土管、陶土管、石棉水泥管除应满足上述要求外,其内径尚不宜小于 100 mm。每根电缆管的弯头不应超过 3 个,直角弯不应超过 2 个。另外,电缆管明敷时应符合以下要求:第一,电缆管应安装牢固;电缆管支持点间的距离,当设计无规定时,不宜超过 3 m;第二,当塑料管的直线长度超过 30 m 时,宜加装伸缩节。

电缆在排管内的敷设,应采用塑料护套电缆或裸铠装电缆。电缆排管应一次留足备用管孔数,但电缆数量不宜超过 12 根。当无法预计发展情况时,可留 1~2 个备用孔。当地面上均匀荷载超过 10 t/m 或排管通过铁路及遇有类似情况时,必须采取加固措施,防止排管受到机械损伤。排管孔的内径不应小于电缆外径的 1.5 倍。但穿电力电缆的管孔内径不应小于 90 mm,穿控制电缆的管孔内径不应小于 75 mm。电缆排管的敷设安装应符合以下要求:第一,排管安装时,应有倾向人孔井侧不小于 0.5% 的排水坡度,并在人孔井内设集水坑,以便集中排水;第二,排管顶部距地面不应小于 0.7 m,在人行道下面时不应小于 0.5 m;第三,排管沟底部应垫平夯实,并应铺设厚度不小于 60 mm 的混凝土垫层。排管可采用混凝土管、陶土管或塑料管。在转角、分支或变更敷设方式改为直埋或电缆沟敷设时,应设电缆人孔井。在直线段上,应设置一定数量的电缆人孔井,人孔井间的距离不宜大于 100 m。电缆人孔井的净空高度不应小于 1.8 m,其上部人孔的直径不应小于 0.7 m。

3.电缆沿沟支架敷设

电缆沿电缆沟(或电缆隧道)敷设是室内外常见的一种敷设方式。电缆沟一般在地面以下,而电缆隧道是尺寸较大的电缆沟,有混凝土浇筑或用砖砌而成,沟顶用盖板盖住。有的沟内装有电缆支架,电缆均挂在支架上,支架可以为单侧,也可以是双侧。

同一路径敷设电缆较多,而且按规划沿此路径的电缆线路有增加时,为施工及今后使用、维护的方便,宜采用电缆沟敷设。电缆沟应采取防水措施,其底部应做成坡度不小于 0.5% 的排水沟,积水可直接排入排水管道或经集水坑用泵排出。电缆沟应设置防火隔离措施,在进、出建筑物处一般设有隔水墙。电缆沿电缆沟支架敷设的一般要求:第一,当电缆根数大于 6 根时,宜采用电缆沟敷设或者电缆隧道内敷设;第二,一般电力电缆与控制电缆同沟敷设,所设计支架的安装距离一般为 800 mm 左右;第三,电缆沟应平整,且有 0.5% 的坡度,沟内要保持干燥,沟壁沟底应采用防水砂浆抹面,防止地下水渗入,室外电缆沟内应设置适当数量的积水坑,便于将沟内的积水排出,一般每隔 50 m 设一个,积水坑尺寸以 400 mm×400 mm×400 mm 为宜;第四,支架必须可靠接地并做防腐处理;第五,当电缆需在沟内穿越墙壁或楼板时,应穿钢管保护;第六,电缆敷设完毕后,将电缆沟用盖板盖好。

4.电缆沿桥架敷设

电缆桥架由托盘、梯架的直线段、弯通、附件以及支、吊架等组成。有的没有托盘,有的加个盖。它的优点是制作工厂化、系列化、安装方便,安装后整齐美观。桥架其高度一般为 50~100 mm,现广泛应用于宾馆酒店、办公大楼、工矿企业的供配电线路中,特别是在高层建筑中。

电缆在桥架内敷设时,电缆总截面面积与桥架横断面面积之比,电力电缆不应大于 40%,控制电缆不应大于 50%。桥架距离地面的高度,不宜低于 2.5 m。电缆明敷时,其电缆固定部位应符合表 1-3-1 的规定。电缆桥架内每根电缆每隔 50 m 处,电缆的首端、尾端及主要转弯处应设标记,注明电缆编号、型号规格、起点和终点。常用桥架有钢制桥架、玻璃钢桥架、铝合金桥架和组合桥架等四大类。

钢制桥架采用冷轧钢板,表面经过喷漆、电镀锌或粉末静电喷漆等工艺,从而增加桥架的防腐性能。玻璃钢桥架是以玻璃钢为材料制成的电缆桥架。铝合金桥架追求美观轻便,表面处理一般采用冷镀锌、电镀锌、塑料喷涂或镍合金电镀等,其防腐性能比热浸镀锌提高了 7 倍。钢制桥架、玻璃钢桥架、铝合金桥架又分别有槽式桥架、梯式桥架和托盘式桥架三种。所以可以说常用桥架有槽式电缆桥架、梯级式电缆桥架、托盘式电缆桥架和组合桥架等四大类。前三种桥架备有护罩,需要配护罩时可在订货时注明或按照护罩型号订货,其所有配件均通用。

表 1-3-1　电缆的固定部位

敷设方式	构架形式	
	电缆支架	电缆桥架
垂直敷设	电缆的首端与尾端	电缆的上端
	电缆与每个支架的接触处	每隔 1.5~2 m 处
水平敷设	电缆的首端与尾端	电缆的首端与尾端
	电缆与每个支架的接触处	电缆转弯处
		电缆其他部位每隔 5~10 m 处

四、智能建筑系统光缆的敷设

光缆作为智能建筑系统中一种特殊的传输介质,无论在施工和使用中都有其特殊性。光缆的施工包括室外和室内光缆的敷设。室外光缆敷设主要采用地下光缆管道敷设、直埋和架空的敷设方式。直埋光缆和架空光缆受损害的概率较高,故在智能建筑光缆敷设中应尽量避免使用。

(一)管道光缆

光缆敷设前,应根据设计文件和施工图样对选用光缆穿放的管孔数和其位置进行核对。如果采用塑料子管,要求对塑料子管的材质、规格、管长进行检查,均应符合设计规定。一般塑料子管的内径为光缆外径的 1.5 倍,一个水泥管管孔中布放两根以上的子管时,其子管等效总外径不宜大于管孔内径的 85%。当管道的管材为硅芯管时,敷设光缆的外径与管孔内径大小有关。目前,最常用的几种硅芯管规格有外径/内径"mm",如 $\phi32/26$ mm、34/28 mm、$\phi40/33$ mm、$\phi50/42$ mm。

1.管道内布子管

当穿放塑料子管时,布放两根以上的塑料子管,若管材已有不同颜色可以区别时,其端头不必做标志,否则应在其端头做好有区别的标志。布放塑料子管的环境温度应在$-5\sim+35℃$之间,连续布放塑料子管的长度不宜超过300 m,并要求塑料子管不得在管道中间有接头。牵引塑料子管的最大拉力,应不超过管材的抗拉强度,在牵引时的速度要求均匀。穿放塑料子管的水泥管管孔,应在管孔处采用塑料管堵头或其他方法固定塑料子管。塑料子管布放完毕,应将子管口临时堵塞,以防异物进入管内。塑料子管应根据设计规定要求在人孔或手孔中留有足够长度。

2.光缆的敷设

光缆敷设前应逐段将管孔清刷干净和试通。清扫时应用专制的清刷工具,清扫后应用试通棒试通检查合格,才可穿放光缆。光缆敷设前应使用光时域反射计和光纤衰耗测试仪检查光纤是否有断点,衰耗值是否符合设计要求。核对光纤的长度,根据施工图上给出的实际敷设长度来选配光缆。配盘时要使接头避开河沟、交通要道以及其他障碍物处。

光缆采用人工牵引布放时,每个人孔或手孔应有人值守帮助牵引,机械布放光缆时,在拐弯人孔处应有专人照看。光缆的牵引端头应做好技术处理,采用具有自动控制牵引性能的牵引机进行,牵引力应施加于加强芯上,最大不超过1 500 N,牵引速度宜为10 m/min,一次牵引长度一般应不大于1 000 m。超长距离时,应将光缆采取盘成倒8字形分段牵引或中间适当地点增加辅助牵引,以减少光缆拉力。

在光缆穿入管孔或管道拐弯处或与其他障碍物有交叉时,应采用导引装置或喇叭口保护管等保护措施。有时在光缆四周加涂中性润滑剂等材料,以减少摩擦阻力。布放光缆时,其最小半径应不小于光缆外径的20倍。为防止在牵引过程中发生扭转而损伤光缆,在光缆的牵引端头与牵引索之间应加装转环。

3.光缆在人孔井和手孔井内的敷设

光缆敷设后,应逐个在人孔井或手孔井中将光缆放置在规定的托板上,并应留有适当余量。在人孔或手孔中的光缆需要接续时,其预留长度应符合表1-3-2中的规定。

在设计中,如果有要求做特殊预留的长度,应按规定位置妥善放置。光缆在管道中间的管孔内不得有接头。光缆接头应放在人孔井正上方的光缆接头托架上,光缆接头预留余线应盘成"O"形圈紧贴人孔壁,用扎线捆扎在人孔铁架上固定,"O"形圈的曲率半径不得小于光缆直径的20倍。按设计要求采取保护措施,保护材料可以采用蛇形软管或软塑料管等管材。光缆在人孔或手孔中穿放的管孔出口端应严密封堵,以防水分或杂物进入管内。光缆及其接续应有识别标志,标志内容有编号、光缆型号和规格等。在严寒地区,应按设计要求采取防冻措施,以防光缆受冻损伤。若光缆有可能被碰撞损伤时,可在其上面或周围设置绝缘板材隔断,以便保护。光缆敷设后应检查外护套有无损伤,不得有压扁、扭伤和折裂等缺陷。

表 1-3-2　光缆敷设的预留长度

光缆敷设方式	自然弯曲增加长度 L /(m·km^{-1})	人(手)孔内弯曲增加长度/ {m·[人(手)孔]$^{-1}$}	接续每侧预留长度/m	设备每侧预留长度/m	备　注
管道	5	0.5~1.0	一般为 6~8	一般为 10~20	其他预留按设计要求;管道或直埋光缆需引上架空时,其引上地面部分每处增加 6~8 m
直埋	7				

(二)直埋光缆

1.光缆沟

光缆沟的施工与电缆沟的施工基本相同。直埋光缆的埋深应符合表 1-3-3 中的规定。

表 1-3-3　直埋光缆的埋设深度

光缆敷设的地段或土质	埋设深度/m	备　注
市区、村镇的一般场合	≥1.2	不包括车行道
街坊和信息化小区内、人行道下	≥1.0	包括绿化地带
穿越铁路、道路	≥1.2	距道砟底或距路面
普通土质(硬土等)	≥1.2	
沙砾土质(半石质土等)	≥1.0	

在敷设光缆前,应先清理沟底,沟底应平整、无碎石和硬土块等杂物。若沟槽为石质或半石质,在沟底应铺垫 100 mm 厚的细土或砂土,经平整后才能敷设光缆,光缆敷设后应先回填 200 mm 厚的细土或砂土保护层。保护层中严禁将碎石、砖块或硬土等混入,保护层采取人工轻轻踏平,然后在细土层上面覆盖混凝土盖板或完整的砖块加以保护。直埋光缆接头应平放于接头坑中,其曲率半径不得小于光缆直径的 20 倍。在同一路径上,且同沟敷设光缆或电缆时,应同期分别牵引敷设。若与直埋电缆同沟敷设,应先敷设电缆,后敷设光缆,在沟底应平行排列。如果同沟敷设光缆,应同时分别布放,在沟底不得交叉或重叠放置,光缆必须平放于沟底,或自然弯曲使光缆应力释放。光缆如果有弯曲腾空或拱起现象,应设法放平,不得用脚踩光缆使其平铺沟底。

2. 与其他管线及建筑物间的净距

直埋光缆与其他管线及建筑物间的最小净距见表 1-3-4。光缆敷设完毕后,应检查光缆的外护套,如果有破损等缺陷,应立即修复,并测试其对地绝缘电阻。单盘直埋光缆敷设后,其金属外护套对地绝缘电阻应不低于 10 MΩ/km。光缆接头盒密封组装后,浸水 24 h,测试光缆接头盒内所有金属构件对地绝缘电阻应不低于 20 000 MΩ/km(DC 500V)。直埋光缆的接头处、拐弯点或预留长度处以及与其他地下管线交越处,应设置标志。

表 1-3-4　直埋光缆与其他管线及建筑物间的最小净距　　单位:m

其他管线及建筑物名称及其状况		最小净距		备　注
		平行时	交叉时	
市话通信电缆管道边线(不包括人孔或手孔)		0.75	0.25	
非同沟敷设的直埋通信电缆		0.50	0.50	
直埋电力电缆	<35 kV	0.50	0.50	
	<35 kV	2.00	0.50	
给水管	管径<300 mm	1.00	0.50	光缆采用钢管保护时,交叉时的最小净距可降为 0.15 m
	管径为 300~500 mm	1.00	0.50	
	管径>500 mm	1.50	0.50	
燃气管	压力<0.3 MPa	1.00	0.50	同给水管备注
	压力 0.3~0.8 MPa	2.00	0.50	
树木	灌木	0.75		
	乔木	2.00		

续表

其他管线及建筑物名称及其状况	最小净距		备 注
	平行时	交叉时	
高压石油天然气管	10.00	0.50	同给水管备注
热力管或下水管	1.00	0.50	
排水沟	0.80	0.50	
建筑红线(或基础)	1.00		

(三)架空光缆

光缆敷设前,在现场应对架空杆路进行检验,要求符合《市内电话线路工程施工及验收技术规范》和《通信线路工程验收规范》中的规定,确认合格,且能满足架空光缆的技术要求时,才能架设光缆。检查新设或原有的钢绞线吊线有无伤痕或锈蚀等缺陷,钢绞线应严密、均匀、无跳股现象。吊线的原始垂度应符合设计要求,固定吊线的铁件安装位置应正确、牢固。对光缆路由和环境条件进行考察,检查有无有碍于施工敷设的障碍和具体问题,以确定光缆敷设方式。

1.光缆的预留

光缆在架设过程中和架设后受到最大负荷时所产生的伸长率应小于0.2%。在中负荷区、重负荷区和超重负荷区布放的架空光缆,应在每根电杆上给以预留;轻负荷区每3~5杆做一处预留。配盘时应将架空光缆的接头点放在电杆上或邻近电杆1 m左右处。在接头处的预留长度应包括光缆接续长度和施工中所需的消耗长度,一般架空光缆接头处每侧预留长度为6~10 m。在光缆终端设备处于终端时,在设备一侧应预留光缆长度为10~20 m。在电杆附近的架空光缆接头的两端,光缆应各做伸缩弯,两端的预留光缆盘放在相邻的电杆上。

2.光缆的弯曲

光缆在经过十字形吊线连接或丁字形吊线连接处,光缆的弯曲应圆顺,并符合最小曲率半径要求,光缆的弯曲部分应穿放聚乙烯管加以保护,其长度约为300 mm。光缆配盘时,一般每千米约增加5 m的预留长度。架空光缆用光缆挂钩将光缆卡挂在钢绞线上,要求光缆在吊挂时统一调整平直,无上下起伏或蛇形。

3.光缆的引上

管道光缆或直埋光缆引上后,与吊挂式的架空光缆相连接时,其引上光缆的安装方式和具体要求应符合设计规定。

4.与其他建筑物的间距

架空光缆线路的架设高度,与其他设施接近或交叉时的间距,应符合有关电缆线路部分的规定。架空光缆线路与其他建筑物、树木的最小间距如表1-3-5所示。架空光缆与电力线交越时,在光缆和钢绞线吊线上采取绝缘措施。在光缆和钢绞线吊线外面采用塑料管、胶管或竹片等捆扎,使之绝缘。架空光缆如紧靠树木或电杆等有可能使外护套磨损时,在与光缆的接触部位处,应套包长度不小于1m左右的聚氯乙烯塑料软管、胶管或蛇皮管加以保护。如靠近易燃材料建造的房屋院落或温度过高的场合,应套包耐温或防火材料加以保护。

表1-3-5　架空光缆线路与其他建筑物、树木的最小间距　单位:m

其他建筑物、树木名称	与架空光缆线路平行时		与架空光缆线路交越时	
	垂直净距	备注	垂直净距	备注
市区新街	4.5	最低缆线到地面	5.5	最低缆线到地面
胡同(街坊区内道路)	4.0		5.0	
铁路	3.0		7.0	最低缆线到轨面
公路	3.0		5.5	最低缆线到地面
土路	3.0		4.5	
房屋建筑			距脊0.6 距顶1.0	最低缆线距屋脊 最低缆线距屋顶
河流			1.0	最低缆线距最高水位时 最高桅杆顶
市区树木			1.0	最低缆线到树枝顶
郊区树木			1.0	
架空通信线路			0.6	一方最低缆线与另一方最高缆线的间距

(四)室内光缆

建筑物内光缆敷设的基本要求与建筑物的电缆敷设相似。

1.主干光缆

建筑物内主干光缆一般装在电缆竖井或上升房中,敷设在槽道内(或桥架)

和走线架上,并应排列整齐,不应溢出槽道或桥架。槽道(桥架)和走线架的安装位置应正确无误,安装牢固可靠。在穿越每个楼层的槽道上、下端和中间,均应按 1.5～2 m 间隔对光缆固定。光缆敷设后,要求外护套完整无损,不得有压扁、扭伤、折痕和裂缝等缺陷。否则应及时检测,如为严重缺陷或有断纤现象,应检修测试合格后才能允许使用。要求在设备端应预留 5～10 m 的预留长度。光缆的曲率半径应符合规定,转弯的状态应圆顺,不得有死弯和折痕。在建筑内同一路径上如有其他智能建筑系统的缆线或管线时,光缆与其平行或交叉敷设,应有一定间距,要分开敷设和固定,各种缆线间的最小净距应符合设计规定。光缆全部固定牢靠后,应将建筑物内各个楼层光缆穿过的所有槽洞、管孔的空隙部分,先用油性封堵材料堵塞密封,再加堵防火堵料等防火措施,以达到防潮和防火效果。

2.光缆进线室

光缆由进线室敷设至机房的光缆配线架,由楼层间爬梯引至所在楼层。光缆在爬梯上,在可见部位应在每只横铁上用粗细适当的麻线捆扎。对无铠装光缆,每隔几档应衬垫一块胶皮后扎紧。在拐弯受力部位,还需套一段胶管加以保护。

3.光缆终端箱(盘)

光缆进入配线间后,需要留有 10～15 m 余量,可以进入光缆终端箱。光缆进光配线(ODF)架光缆终端盘前,埋式光缆一般在进架前将铠装层剥除;松套管进入盘纤板后应剥除。按光缆及光纤成端安装图操作,成端完成后将活动支架推入架内,推入时注意光纤的弯曲半径,并应用仪表检查光纤是否正常。

第二章 安全技术防范研究

安全技术防范系统是一种实现安全防范各种功能和自动化管理的服务保障体系,具有相对独立的技术内容,其基本构成包括入侵报警子系统、电视监控子系统、出入口控制子系统、保安巡更子系统等。在建筑工程信息化管理集成系统中,安全技术防范系统起到了重要的安防和自动化管理作用,是必不可少的一部分。本章主要从安全技术防范系统的概念、施工工程技术以及该系统在安全防范中的应用进行具体分析。

第一节 安全技术防范系统

一、安全技术防范系统概述

安全技术防范系统又称为安全自动化系统,是指用于安全防范目的的,并将专用设备和软件进行有效的组合,形成一个具有探测、延迟、反应综合功能的信息技术网络。

安全技术防范系统是一个周密的防范系统,它由若干个子系统构成。由于安全防范具有周密性的特点,安全技术防范同样需要不留漏洞或安全死角。周密性要求安全技术防范形成立体防范,它不但要求有出入口,如门窗这些"点"的防范,还需要周边"线"的防范,也需要防范目标内外区域"面"的防范。除点、线、面的入侵防范外,还有对火灾、爆炸、毒害的防范。一个技术防范子系统由防范内容与防范项目共同构成,而安全技术防范的总系统则由许多子系统共同构成。

安全技术防范系统是整个安全防范系统的组成部分,最重要的任务是探测危险。技术防范系统与物防、人防系统结合构成总的安全技术防范系统。在该总系统中,安全探测用仪器感知已发生或临近的危险,感知不能直接观察的危险品,并向控制指挥中心提供信息,以便决策。

二、安全技术防范系统的类型

(一)按照监控场所划分

1. "点"监控系统

"点"监控系统主要是指对严重威胁安全并有较高非法入侵率的部位进行监

控的系统,如身份识别系统、出入口控制系统(如图 2-1-1 所示)等。

图 2-1-1　出入口控制系统结构图

2."线"监控系统

"线"监控系统主要是指对防护地区的边界进行监控的系统,如激光周边探测系统、微波周边探测系统等。

3."面"监控系统

"面"监控系统主要是指对防护地区的内部和空间进行监控的系统,如视频监控系统、玻璃破碎探测器等。

(二)按照监控内容划分

1.火灾监控系统

火灾监控系统主要是指防止火灾蔓延、减少人员伤亡和财物损失的监控系统,如火灾自动报警喷淋系统等。

2.防爆监控系统

防爆监控系统主要是指防止炸药或易燃易爆品爆炸的监控系统,如爆炸物、剧毒物、毒品检测系统等。

3.定位系统

定位系统主要是指利用遥感或信号探测技术确定目标方位和移动轨迹的系统,如 GPS 定位系统等。

4．智能管理系统

智能管理系统主要是指电子模块程序设定，超越阈值报警记录的管理系统，如交通智能管理系统等。

5．安全检查系统

安全检查系统主要是指利用感应、感知设备，探测是否有危险、违禁物品通过安全检查关口的系统，如X射线检测系统等。

6．视频监视系统

视频监视系统主要是指利用探测和视屏显示技术，监视防范区域异常行为的系统，如视频监控系统（如图2-1-2所示）等。

图 2-1-2 视频安防监控系统构成框图

(三)按照安全技术防范所属学科划分

1．物理技术防范

物理技术防范主要是指使用高新技术或材料制作的建筑物和实体屏障以及与其相配套的各种实物设施、设备和产品而实施的安全防范，如防盗门、窗、柜和锁具等的防范。

2．化学技术防范

化学技术防范主要是指使用对感官具有强烈刺激性的化学物质，迫使人员逃离现场，防止事态进一步发展而实施的安全防范。

3．电子技术防范

电子技术防范主要是指应用安全防范的电子、通信、计算机与信息处理及其相关技术进行的安全防范，如电子报警技术、视频监控技术、出入口控制技术、系统工程等的防范。

4.生物统计学技术防范

生物统计学技术规范主要是利用人体生物学特征进行的安全防范,将物证鉴定技术和模式识别技术相结合,如指纹识别、眼纹识别、声纹识别技术等。

三、安全技术防范系统的功能

(一)图像监控

视像监控:利用摄像机、切换控制主机、照明装置等设备对要害部门、重要设施以及公共活动场所进行内部与外界有效的监控。

影像验证:通过实时监控显示器中的报警现场情况,更好地进行报警确认和报警处理。

图像识别:通过读卡机或人像识别系统对员工进行图像扫描、识别以及确认,从而更好地鉴定来访者。

(二)探测报警

内部防卫探测:配置多种探测器和传感器,其中包括声音探测器、门接触点、光线回路等,主要探测内部环境。

周界防卫探测:使用各种先进的探测技术,如拾音电缆、光纤、主动红外探测器等,主要探测围墙、高墙、无人区等外部区域。

危急情况监控:发生危急情况时,利用内部通信系统和闭路电视系统的联动控制,警报发出后,不仅可以打出电话,还能显示和记录报警图像。

图形鉴定:通过监控中心所显示的报警信息点,值班人员可及时获知报警信息,并进行迅速、有效、正确的接警处理。

(三)进行控制

图像控制:对于图像的控制,最主要的是图像切换显示控制和操作控制。

识别控制:识别控制主要有门禁控制、车辆出入控制、专用电梯出入控制等。

响应报警的联动控制:紧急事故发声时,联动控制可关闭各种关键入口,并提供完备的保安控制功能。

(四)进行自动化辅助

安全技术防范系统还包括门禁管理、通信对讲、电子巡更、员工考勤等多种辅助功能,体现了安防系统多样化、自动化及全方位的保护措施。

四、安全技术防范系统的要求

(一)系统的防护级别与被防护对象的风险等级相适应

采用高级别的安全防护措施的原因是保证高风险对象的安全,这是出于安全性的考虑。如果让低级别的防护对应高风险对象,其安全性不能得到有效的保证,很容易发生危险或损失;相反,如果让高级别的防护与低风险对象相对应,虽然有很高的安全性,但未免有些"大材小用",无论是在性能匹配还是成本价格上都不是最佳选择,会造成严重的浪费。因此,系统的防护级别应与被防护对象的风险等级相适应。

(二)技防、物防、人防相结合,探测、延迟、反应相协调

"技防、物防、人防"是安全防范的统一体,各自承担着不同的作用,共同维护着安防系统的坚固。因此,要想系统运转更加持续、稳定,就不能侧重或忽略其中某一方面,否则会给安防系统带来隐患和危险,达不到预期的防范效果。另外,还要保证探测、延迟、反应三大防范要素相协调,还要缩小探测与反应时间,使二者之和务必小于延迟时间,这样才能确保安全防范的可靠性,否则,即使安防设备再先进、系统功能再丰富,也很难达到预期的防范效果。

(三)保证防护的纵深性、均衡性、抗易损性

设备、器材应保持较高的抗易损性,各层防护或系统应保持较高的均衡性,整个系统应保持较高的纵深性。安全技术防范系统一般是纵深防护系统,因此,系统的有效性遵从"水桶效应"原则。所谓的"水桶效应"原则,是指用一个木板高低不平的水桶装水,决定其最大容水量的木板是其中那根最短的木板而非最长的木板。从安全技术防范系统的角度来解释,就是说系统总体的防护水平取决于系统最薄弱环节水平。即使一个周界防护系统在其他部分防范得再完美,但只要出现某一部位的盲区,也有可能被入侵者乘虚而入,使整个系统失去意义。如果系统的抗易损性低,故障率高,正常运行周期短,则存在巨大的安全隐患。要同时兼顾三种,做好全面规划,更好地提高系统的防护水平。

(四)保证系统的安全性和电磁兼容性

在系统设计中,信息资源是否被充分共享,信息的安全是否得到了保证,系统的电磁兼容性是否得到解决,都需要被关注和重视。因此,面对不同的应用、不同的网络通信环境,系统都应采取针对性的措施,比如系统安全机制、防破坏

能力、数据存取的权限控制等。另外,系统设备及器材的安全也必须符合相关的国家标准要求,保证设备具有自检功能和防并接负载的报警功能,并在诸多设备同时运行时都能在规定的安全界限内稳定工作。

(五)保证系统的可靠性和维修性

可靠性包含耐久性和准确性两个方面,耐久性是指在规定条件、规定时间内产品无失效工作的能力。《入侵探测器后 第 1 部分:通用要求》规定入侵探测器在正常工作条件下平均无故障时间至少为 60 000 小时。经常性的故障容易产生漏报,单一技术制作的探测设备忽略部分信息,也容易产生漏报,采用两种以上技术的探测设备有利于提高系统的可靠性。误报是技防设备常出现的现象。误报降低系统的可靠性,滋生麻痹、懈怠情绪。安全技术防范系统的设置应考虑各种干扰因素,减少误报,杜绝漏报。设备故障难以避免,设备应易于维修,减少失效工作时间。

(六)保证系统的先进性和扩展性

系统设计要采用先进的概念、技术和方法,不但能反映当今的先进水平,而且具有发展潜力。因此,系统设计必须满足不断变化的要求,必须充分考虑未来的发展,同时也要考虑系统的扩展,这样做既可以使系统独立运行,又可以为增添的新设备留有预设置,还可以为将来更大规模的融合留有余地。

(七)保证系统的经济性和适用性

设计应根据用户现场环境,选用设备功能适用现场情况、符合用户要求的系统配置方案,通过严密、有机的组合实现最佳的性能价格比,既节约工程投资,又能保证系统功能的实现。安全防范不应严重妨碍人们的正常工作和生活。出入口的安全检查应简单、快捷;监控设备的设置不应妨碍交通,干扰和谐的工作与生活环境;控制系统的日常维护、管理工作的操作界面应尽量做得直观、简便,对国内用户而言,应提供汉化界面,方便使用。

五、安全技术防范系统的管理

(一)管理职责

第一,制定安全技术防范工作的管理规定、办法及发展规划。

第二,对从事技防产品研制、生产、销售、维护保养和工程设计、施工的单位进行资格审查。审查合格者发放或报批准产证,准销证和设计、施工、维修资格证。

第三，对送审的技防产品按国家、部颁或行业标准进行检测或委托检测。审查企业质量保证体系建立情况。

第四，对进入本地区销售和安装使用的技防产品，进行认证登记审核。

第五，负责安全技防产品和工程的日常质量监督。

第六，负责技术防范工程方案论证及验收工作，签署安全防范系统（工程）验收结论意见，对提出的整改意见监督落实情况，并对验收材料归档。

第七，指导本地区安全技术防范工作。

第八，查处未经权威部门鉴定、未经公安机关许可销售、安装或使用的技防产品。查处未经公安机关验收、私自改变原设计方案、不符合技术规范要求等影响防范效果的事件。

(二)产品管理

技防产品是指用于防抢劫、防盗窃、防爆炸等保护国家、集体、个人的财产以及人身安全的产品。质量技术监督部门是产品质量监督管理的主管部门，具体负责技防产品质量国家监督管理工作。公安机关是安全技术防范工作的主管部门，在质量技术监督部门指导下，具体负责技防产品质量行业监督管理工作。技防产品的生产和使用必须遵守工业产品生产许可证制度以及安全认证制度。如果产品并未纳入上述两种制度，则需要实行生产登记制度，但若未经公安机关批准生产登记，则禁止生产和销售。

(三)工程管理

安全技术防范工程是以维护社会公共安全为目的，具有防入侵、防盗窃、防抢劫、防破坏、防爆安全检查等多种系统的工程，综合应用了安全防范技术和其他多种科学技术。安全技术防范工程管理是指为保证工程质量，发挥技术防范在维护社会公共安全、预防和制止违法犯罪方面的作用，对安全技术防范系统的设计、施工、维护和使用进行协调的活动。

公安技防管理部门是技防工程的主管部门，履行技防工程施工资格审批、技防工程质量监督检查、技防工程推广使用、查处违反技防工程管理行为的职责。

1.技防工程实行分级管理

根据《安全防范工程程序与要求》以及工程的风险等级和投资额，工程被划分成以下三个等级。

一级工程：风险等级为一级或者投资额在100万元以上的工程。

二级工程：风险等级为二级或者投资额超过30万元，不足100万元的工程。

三级工程：风险等级为三级或者投资额在 30 万元以下的工程。

各省、自治区、直辖市出台的《安全技术防范工程管理办法》对分级管理进行了具体规定。

2.技防工程实行"许可"制度

技防工程实施前应向公安机关"申报"，经审核同意方可开工。工程竣工后通过"验收"方可投入使用。

3.技防系统的安全保密制度

技防系统关系被防护单位的安全，技防系统的设计图纸和相关资料必须妥善保管。针对技防系统的设计、施工、验收、维修、建设和使用，相关单位应当制定安全保密制度，谨防泄露技防系统的秘密。技防系统的使用单位不得侵犯公民个人隐私，通过采取适当的保密措施保护公民个人图像信息的隐私安全，禁止泄露或违规使用公民隐私信息。

第二节　安全技术防范系统施工技术

一、安全防范工程技术规范系统的施工准备

(一)检查施工现场

第一，施工对象需满足基本的进场条件，根据相应的施工要求对作业场地和用电方法进行安排布置。

第二，掌握好施工现场区域建筑物的基本情况，着重检查空洞、地槽以及预留管道。

第三，道路的使用及占用情况(包括横跨道路)需符合施工要求。

第四，摸清管道电缆的敷设以及直埋线缆的路由状况，为各管道做出路由标志。

第五，提前清除影响施工的各种障碍物。

(二)检查施工准备

第一，将设计文件和施工图纸准备齐全。

第二，安排施工人员熟悉施工图纸及有关材料。

第三，不管是阶段施工还是连续施工，都需要检查好设备、器材、机械，以及辅助工具。

第四,检查好各项有源设备。

二、安全防范工程设备的安装

(一)探测器安装

第一,探测器安装时,确定好安装地点、警戒范围以及周边环境。

第二,在安装周界入侵探测器前,要充分考虑使用环境的影响,另外应确保防区交叉,避免出现盲区。

第三,固定好探测器底座和探测器支架。

第四,连接导线时要注意外接部分不得外露,留适当余量,保证整个接线工作牢固可靠。

(二)紧急按钮安装

紧急按钮的安装位置应隐蔽,便于操作。紧急按钮的两端需要串接在输入电源的正极主电路上。

(三)摄像机安装

第一,摄像机室内的安装高度应大于或等于 2.5m,室外的安装高度应大于或等于 3.5m,并且整个安装过程应符合监视目标视场范围要求。

第二,保证摄像机及其配套设施安装牢固,能进行运转灵活,并与周边环境保持协调。

第三,为避免受到强电磁干扰,摄像机应与地面进行隔离。

第四,摄像机所引线路的外露部分用软管保护起来。

第五,在电梯厢门上方左侧或右侧的位置安装摄像机,这样才能做到对电梯厢内乘员的有效监视。

(四)云台、解码器安装

第一,云台不应在转动时出现晃动的情况。

第二,云台的转动角度范围应符合设计要求。

第三,解码器的安装位置应设置在云台附近或吊顶内。

(五)出入口控制设备安装

第一,各类识别装置的安装高度应大于或等于 1.5 m。

第二,在安装感应式读卡机时,应远离高频、强磁场等场所,确保可感应范围内不会出现其他干扰因素。

第三,安装锁具时要保证灵活牢固,符合产品的技术要求。

(六)巡更设备安装

第一,安装在线巡更或离线巡更信息采集点的高度范围应在 1.3～1.5 m 之间。

第二,确保安装牢固。

(七)停车库(场)管理设备安装

第一,读卡机与挡车器安装。安装在室内时,应与水平面垂直,不得倾斜;安装在室外时,应做好防撞和防水措施。另外,读卡机与挡车器的安装间距应保持在要求范围内。

第二,感应线圈安装。选择好感应线圈的埋设位置,控制好感应线圈的埋设深度,并用金属管保护好线缆。

第三,信号指示器安装。安装位置应处于车道出入口的明显位置,便于为车辆做出指示和提醒;在车道中央上方安装车位引导器,便于识别或引导车辆。需要注意的是,通常车位信号指示器安装在室内,如果安装在室外,要及时做好防水措施,避免因客观原因导致机器的损坏。

(八)控制设备安装

第一,要保证控制台、机柜(架)等控制设备安装牢固,并且符合操作便利的设计要求,另外,机柜(架)侧面与背面离墙的净距离应大于或等于 0.8 m。

第二,监视器、屏幕等终端显示设备要做好避光措施,使其躲避外来光线的直射,对设备造成一定的损坏;控制台、机柜、机架等设备要做好散热通风的措施,避免因温度过高导致设备出现故障。

第三,将电缆槽、进线孔等编号,并做出永久性标记,根据设备具体的安装位置设置相应的电缆槽和进线孔。

三、安全技术防范系统线缆敷设

(一)线缆敷设

第一,敷设综合布线系统线缆应严格按照《综合布线系统工程设计规范》的标准执行。

第二,敷设非综合布线系统室内线缆,也应做到以下几点。首先,尽量采用沿墙明敷的方式敷设无机械损伤的电(光)缆或改、扩建工程使用的电(光)缆;其次,用暗管敷设的方式对新建筑物或要求管线隐蔽的电(光)缆进行敷设;而对待一些外部易受损伤、易受电磁干扰或易燃易爆等不宜明敷的线路,可以采用明管配线的方式解决。在敷设电缆时,需要注意电缆和电力线的间距应大于0.3 m,电力线与信号线之间最好成直角敷设。

第三,敷设室外线缆时,应严格按照《民用闭路监视电视系统工程技术规范》的标准执行。

第四,电缆的尺寸要求应符合:多芯电缆的最小弯曲半径应大于其外径的6倍,同轴电缆的弯曲半径应大于其外径的15倍。

第五,线缆槽敷设截面利用率应小于或等于整体的60%,线缆穿管敷设截面利用率应小于或等于整体的40%。

第六,电缆固定点的角度和距离安排并不统一,需要根据具体要求做出相应改变。

第七,明敷设的信号线路与强磁场、强电场的电气设备之间的净距离不应小于1.5 m。另外,屏蔽线缆、金属保护管以及金属封闭线槽的敷设也不应超过0.8 m。

第八,线缆穿管前应在管口处添加防护圈,避免穿管时损伤导线,另外,还应检查保护管是否畅通。

(二)监控(分)中心内电缆的敷设

第一,地槽、墙槽的电缆敷设。将电缆沿所盘方向理直,让其从机柜(架)和控制台底部引入。

第二,架槽的电缆敷设。保证每隔一段距离,架槽处会留出线口。

第三,活动地板的电缆敷设。将电缆有序布放在地板下,使之顺直且无扭绞。

第四,若碰到电缆走道的情况,需要将电缆从机架、机柜上方引入,并绑扎于每个梯铁上。

第五,若电缆离开控制台和机柜(架),需要将其在距离起弯点10 mm的地方成一次空绑,空绑间隔由电缆数量决定。

(三)光缆敷设

第一,敷设前应对光纤进行检查。首先光纤不应出现断点,其衰耗值应处于设计要求的范围内;其次光缆长度应与施工图相匹配;还有配盘时应使接头避开河沟、交通要道和其他障碍物。

第二,进行敷设时,控制好各项数据。比如光缆的最小弯曲半径应大于光缆外径的 20 倍,光纤接头的预留长度不应小于 8 m。

第三,敷设后应及时进行检查。比如光纤是否有损伤,光缆敷设的损耗情况。如果光缆没有受到损伤,再进行接续工作。

第四,光缆接续应由专业人员进行操作,在接续时应使用专用仪器监视,如光功率计,使损耗尽量达到最小值,接续后,工作人员应做好后续的保护工作,如安装好光缆接头护套等。

第五,针对无接头的光缆,管道敷设应设有人工同步牵引;针对已做好接头的光缆,要注意不得让接头部分在管道内穿行。

第六,光缆敷设完毕后,应及时测量通道的总损耗,并注意观察光纤通道前程波导衰减特性曲线。

四、供电、防雷与接地施工

安全防范系统设有专用配电箱,在供电上,系统的供电方式为两路独立供电,并在末端自动切换,而针对摄像机等设备,更适合采用集中供电的方式。因此,在低压供电与控制线合用多芯线时,视频线是可以与多芯线一同敷设的。系统防雷与接地设施的施工应按以下要求进行。

第一,如果安全防范系统建于山区、旷野或极高的塔顶中,应根据《建筑物防雷设计规范》设置相应的避雷装置,避免安防系统受到雷电的攻击。

第二,为保护安全防范系统各种重要装备的安全,包括电源线、信号线等,都需要安装电涌保护器,即避雷器。将电涌保护器和防雷接地装置进行等电位连接,连接材料采用铜质线,并且横截面积应大于或等于 16 mm²。

第三,建筑物屋顶禁止敷设电缆,如有特殊情况必须敷设,也应在穿金属管屏蔽的同时进行接地。如果接地电阻达不到相应要求,可以将无腐蚀性长效降阻剂加入接地极回填土中;若仍旧达不到要求,就需要获取设计单位的同意,进行接地装置的更换。

五、系统调试与检查

(一)调试前的准备

第一,检查施工质量,针对施工中出现的问题(如错线、开路或短路问题)予以及时地解决,并进行文字记录。

第二,查验安装设备的规格、型号、数量以及备品备件等是否符合正式设计文件的规定。

(二)系统调试

1.入侵报警系统调试

第一,根据《入侵和紧急报警系统技术要求》中的相关规定,对入侵报警系统所采用的探测器进行各项功能和属性的调试,如探测范围是多少、灵敏度有多高,误报警、漏报警及报警后的恢复情况等是否符合基本的设计要求。

第二,根据《防盗报警控制器通用技术条件》中的相关规定,对控制器的各项功能进行检查并调整,如检查本地或异地报警、防破坏报警、自检及显示等功能是否符合基本的设计要求。

2.视频安防监控系统调试

第一,根据《视频安防监控系统工程设计规范》中的相关条例,对视频安防监控系统所使用的摄像机进行各项功能和属性的调试,如检查摄像机的监控范围、摄像机的聚焦效果、摄像机的环境照度以及抗逆光效果等在图像的清晰度和灰度等级方面是否达到基本的设计要求。

第二,对云台、镜头等设备进行遥控延迟和机械冲击等不良现象的检查和调试,确保监视范围达到基本的设计要求。

第三,对系统的多项功能进行检查并调整,如检查视频切换功能、图像切换功能、字符叠加功能等是否满足基本的设计要求。

第四,对监视器、图像处理器、打印机、编码器等设备进行调试,检查其是否满足基本的设计要求,确保设备能够正常工作。

第五,若系统具有报警联动功能,则应检查其摄像机是否能够自动开启电源、是否能将音视频切换到指定监视器以及是否具有实时录像等;若系统具有灯光联动功能,则应检查灯光打开后图像的质量是否满足基本的设计要求。

第六,根据《民用闭路监视电视系统工程技术规范》中的相关条例,对监视图像和回放图像的质量进行检查和调试,确保在正常照明条件下,监视图像应达到国家标准。

(三)系统检查

第一,对系统的主电源和备用电源进行检查,检查其容量是否符合有关规范的规定。

第二,对各个子系统电源电压在规定范围内的运行状况进行检查,确保各个子系统能正常进行工作。

第三,分别用主电源和备用电源供电,对电源的自动转换和备用电源的自动充电功能进行检查。

第四,根据施工单位所提供的接地电阻测试数据,检查其接地电阻是否符合标准规定,若不符,则必须整改。

第五,对各个子系统的室外设备进行防雷措施的检查和调试,随后将检查和调试结果按照规范如实记录在案,最后生成调试报告。调试报告必须通过建设单位认可后,方可使系统进入试运行状态。

六、安全技术防范系统检测与验收

(一)安全技术防范系统检测

安全防范工程检验前,系统应试运行一个月,由法定检验机构对其工作进行检验。检验的过程中所使用的仪器需要经过法定计量部门的认定,确认其性能稳定可靠方可投入使用。检验顺序应为先对子系统检验,再对集成系统进行检验。检验项目应覆盖工程合同和正式设计文件的主要内容。

1.检验程序

第一,受检单位提出申请,并提交主要的技术文件、资料。其中技术文件主要包括工程合同、正式设计文件、设计变更文件、系统配置框图和工程合同设备清单等。

第二,根据相应规范条例及以上工程技术文件,检验机构需要在工程实施之前制定检验的实施细则。

第三,正式实施检验。

第四,检验结束后,编制检验报告,对检验结果进行评述。

2.检验的一般规定

第一,安全防范工程中所使用的产品、材料应符合国家相应法律、法规和现行标准的要求,并与正式设计文件、工程合同的内容相符合。

第二,检查系统的主要设备应采用简单随机抽样法,当抽样设备低于 3 台时,抽样率应达 100%,当抽样设备多于 3 台时,抽样率应大于或等于 20%。

第三,对定量检验的项目,在同一条件下每个点必须进行 3 次以上读值。

第四,检验中有不合格项时,允许改正后进行复测。复测时抽样数量应加倍,复测仍不合格则判该项不合格。

3.系统功能与主要性能检验

(1)入侵报警系统应符合的要求。

1)入侵报警功能。入侵报警功能分为四种:各类入侵探测器报警系统功能、紧急报警系统功能、多路同时报警功能以及报警后的恢复功能。第一是各类入侵探测器报警功能。各类入侵探测器应按相应标准规定的检验方法检验探测器的灵敏度和覆盖范围。一般在设防的状态下,若探测器探测到有外物,会及时发出警报,另一端的报警设备显示器也会将报警发生的区域显示出来,并进行声和光的报警。第二是紧急报警系统功能。紧急报警系统是指若出现紧急情况,系统会自动触发紧急报警装置,报警设备显示器与前面的探测器报警系统类似,都会显示报警发生的区域,并进行声和光的报警。而不同点是,紧急报警装置装有防误触发装置,若被触发将会自动锁上。此外,若多路同时触发紧急报警装置,报警信息也会依次出现在报警控制设备上。第三是多路同时报警功能。若多路探测器同时报警,防盗报警控制设备会依次显示报警信息,包括报警区域、报警时间、报警地点等,并通过声和光发出报警信息。第四是报警的恢复功能。报警恢复功能是指在报警发生后,入侵报警系统能进行手动复位。也就是说,设防状态下的探测器入侵探测与报警功能是正常工作的,而在撤防状态下此功能失效。

　　2)防破坏及故障报警功能。防破坏及故障报警功能分为四种,分别为入侵探测器的防破坏及故障报警功能、防盗报警控制器的防破坏及故障报警功能、入侵探测器电源线的防破坏及故障报警功能以及电话线的防破坏及故障报警功能。入侵探测器的防破坏及故障报警功能指的是无论何种状态,只要打开探测器的机壳,防盗报警控制设备上就会显示探测器的各种信息,比如探测器地址,与此同时还会发出声、光报警信息,直到手动复位为止。防盗报警控制器的防破坏及故障报警功能同探测器功能相似,是通过打开防盗报警控制器的机盖,从而进行相应设备的声、光报警,并显示其报警信息,直到手动复位为止。入侵探测器电源线的防破坏及故障报警功能也属于防破坏及故障报警功能的一种。备用电源可以在主电源发生故障时自动进入工作状态,同时显示出电源故障信息。如果备用电源也发生故障,则其故障信息也会被显示出来,直到手动复位为止。电话线的防破坏及故障报警功能指的是在利用市话网传输报警信号的系统中,当电话线被切断,防盗报警控制设备会发出声、光报警信息,并且也会显示其线路故障信息,直到手动复位为止。

　　3)记录、显示功能。此功能包括三点:显示信息、记录内容、管理功能。首先,系统可以显示开机和关机的时间、设防时间、撤防时间、报警信息、故障信息以及被破坏信息等其他信息;其次,系统可以记录报警时间、报警地点、报警信息的性质、故障信息的性质等信息,信息内容必须真实准确;最后,系统应能自动显示并记录本身的工作状况,含有多级管理密码等。

　　4)系统报警响应时间。系统报警的响应时间分为三种:首先是从探测器探测到报警信号再到系统联动设备启动这一过程的响应时间,其次是从探测器探测到报警信号并经电话线传输再到报警控制设备接收到报警信号这一过程的响应时间,最后是检测系统发生故障到报警控制设备显示信息这一过程的响应时间。这三种响应时间都应符合基本的设计要求。

5)报警复核功能。报警复核是指发生报警情况下,系统能对报警现场进行声音或图像的复核。

6)报警声级。用声级计在距离报警发声器件正前方 1 m 处测量(包括探测器本地报警发声器件、控制台内置发声器件及外置发声器件),声级应符合设计要求。

7)报警优先功能。经市话网电话线传输报警信息的系统,在主叫方式下具有报警优先功能。

(2)视频安防监控系统应符合的要求。

1)系统控制功能检验。系统控制功能检验有两方面,一方面是编辑功能检验,另一方面是遥控功能检验。前者检验的是通过控制键盘是否能进行编程行为,或者是否能让视频图像在指定的显示器上进行各种操作行为;而后者则是检验控制设备对所控部件的控制是否平稳或准确。

2)监视功能检验。监视功能检验可具体化为监视区域的照明度是否符合设计要求、监视区域内是否装有辅助光源、监视区域内是否做到了实时监视、无盲区等。

3)显示功能检验。根据《民用闭路监视电视系统工程技术规范》的规定,图像显示内容以及图像显示质量应符合基本设计要求。

4)记录功能检验。记录功能的检验工作可以分为四点:前端摄像机所记录的图片是否连续稳定;记录画面上是否包括记录日期、记录时间、所用摄像机的编号或地址码;记录是否具有储存功能;遇到停电或关机的情况下,是否对所有的编程设置、摄像机编号、时间地址进行储存保留。

5)回放功能检验。回放功能的检验工作可分为四点:回放图像、灰度等级、分辨率等是否符合设计要求;回放图像画面是否包括时间、日期、所用摄像机的编号或地址码,并且画质清晰准确;回放图像为报警联动记录图像时,是否保证报警现场的覆盖范围;回放图像的移动目标效果是否达到基本设计要求。

6)报警联动功能检验。报警联动功能的检验工作可分为三点:若入侵报警系统发生报警时,联动装置的相应设备是否能自动开启;报警现场画面是否能在指定的监视器上显示出来,并含有所用摄像机的时间和地址码;当与入侵探测系统、出入口控制系统联动时,是否能准确触发所联动设备。

7)图像丢失报警功能检验。当视频输入信号丢失时,是否能及时发出报警。

(3)其他子系统应符合的要求。

按国家现行有关标准、规范及相应的工程合同、设计文件进行检验。

(二)安全技术防范系统验收

1.安全防范工程验收条件

第一,初步设计和正式设计。首先,工程的初步设计必须通过论证,其次,根据论证意见所提出问题和要求进行各单位的意见落实,最后,完成正式设计文件并施工。

第二,试运行。试运行需要达到设计和使用的要求,并获得建设单位的认可。关于试运行需要注意三点:工程调试开通后必须进行至少一个月的试运行阶段,在试运行期间,应按要求做好试运行记录;试运行报告包括试运行的起讫日期、试运行故障缘由、试运行程度次数以及试运行过程具体情况等;在试运行期间,设计、施工单位应配合建设单位建立系统值勤、操作和维护管理制度。

第三,进行技术培训。进行相关的技术培训是工程合同中明确规定的内容,目的是让系统主要的使用人员能够进行独立的操作。培训期间,不仅培训内容要征得建设单位的同意,培训所用的系统、相关设备操作和日常维护的说明书、方法资料等也都由专门的部门所提供。

第四,竣工。一工程项目按设计任务书的规定内容全部建成,经试运行达到设计使用要求,并为建设单位认可,则视为竣工。少数非主要项目未按规定全部建成,由建设单位与设计、施工单位协商,对遗留问题有明确的处理方案,经试运行基本达到设计使用要求并为建设单位认可后,也可视为竣工。

第五,初检。初检是在工程正式验收前,建设单位和施工单位根据设计任务书或工程合同中提出的设计要求进行的初步检查。检查的主要内容包括系统试运行概述,依照设计任务书要求对系统功能、效果进行检查的主观评价,依照正式设计文件对安装设备的数量、型号进行核对的结果以及对隐蔽工程随工验收单的复核结果等。

第六,系统功能和性能检验。除初检外,工程在正式验收前还需进行系统功能和性能的检验。工程检验合格,则由检验机构出具检验报告。检验报告应准确、公正、完整、规范,并注重量化。

第七,提交验收图纸资料。工程正式验收前,设计、施工单位应向工程验收小组提交验收图纸资料,其中包括设计任务书,工程合同,工程初步设计论证意见及设计、施工单位与建设单位共同签署的设计整改落实意见,正式设计文件与相关图纸资料,系统试运行报告,工程竣工报告,系统使用说明书,工程竣工核算报告,工程初验报告(含隐蔽工程随工验收单)和工程检验报告共十种。

2.安全技术防范工程验收组织规定

第一,若为一般级别的安全防范工程的竣工验收,应由建设单位及相关部门组织安排;若为省级以上的大型工程或重点工程的竣工验收,应由建设单位上级业务部门及相关部门组织安排。

第二,进行工程验收时,一般会临时组建验收组织。一般级别的工程可经协商组成验收小组,重大或大型的工程可组成工程验收委员会。验收组织下还可设有技术验收组、施工验收组、资料审查组等。

第三,工程验收组织成员的组成分布情况应由验收的组织单位根据项目的性质、特点和管理要求进行协商确定,并推选出主要负责人、次要负责人。在验收人员中,技术专家所占比例不应低于验收人数的50%,影响验收公证的人员也禁止参加工程验收。

第四,验收机构必须保证正确、公证、客观的验收结论。针对国家、省级重点工程和银行等要害单位的工程验收必须依照相应的验收资料以及正式的文档文件,若发现工程有重大缺陷或质量不合格的情况要及时予以指正,进行严格把关。

第五,验收通过或基本通过的工程,需要相关单位写出由验收结论而总结的整改措施并得到建设单位认可,验收机构配合落实;验收未通过的工程,验收机构应在验收结果中将工程中的问题和整改要求做出明确指示。

3.工程验收

(1)施工验收规定。

第一,施工验收由工程验收机构组织验收并负责实施。

第二,施工验收应依据正式设计文件、图纸进行。若在施工过程中需要进行调整或变更,需要由施工方提供符合规定的更改审核单。

第三,工程设备安装相关项目的验收,需要确保现场抽验工程设备的安装质量,做好相关记录。

第四,管线敷设相关项目的验收,需要抽查明敷管线及明装接线盒、线缆接头等施工工艺,做好相关记录。

第五,针对隐蔽工程的相关项目验收,需要复核隐蔽工程随工验收单的检查结果。

(2)技术验收规定。

第一,技术验收由工程验收机构组织验收并负责实施。

第二,系统的主要功能和技术性能是否符合设计任务书、工程合同、现行国家标准以及行业标准与管理规定的相关条例,并需要与初步设计论证意见、设计整改落实意见以及工程检验报告相对应。

第三,确保设备数量、型号及安装部位等系统配置符合正式设计文件要求,并与竣工、初验、工程检验等报告相对应。

第四,系统所选用的安防产品需符合相关要求。

第五,确保系统能在规定的时间内正常工作,并且系统主电源断电时,备用电源能及时地进行快速自动切换。

第六,着重关注高风险对象的安全防范工程验收工作,确保其技术必须符合相关标准。

第七,对照工程检验报告,着重检查集成功能系统的安全防范技术工程,确保系统可以做好对各子系统及安全管理系统联网接口的管理和控制工作。

第八,做好入侵报警系统的检查与验收工作。

第九,做好视频安防监控系统的检查与验收工作。

(3)资料审查规定。

第一,资料审查由工程验收机构组织审查并实施。

第二,被审查单位应提供全套审查资料,资料需要保持文字清楚、内容完整、数据准确、图表一致,另外,在所提供的图表中,其内容必须符合《安全防范系统通用图形符号》及相关的标准规定。

(4)验收结论与整改规定。

第一,验收判据。验收判据有三种:施工验收判据、技术验收判据和资料审查判据。这三种验收判据都需要按照规范要求及其提供的合格率进行计算和打分,其中施工验收判据还需要对隐蔽工程的质量进行复核和评估。

第二,验收结论。验收结论分为三种:验收通过、验收基本通过和验收不通过。验收通过的标准是看工程施工质量检查结果、技术质量验收结果以及资料审查结果是否大于等于80％。若三组数值均满足大于80％,则可判定为验收通过;若三组数值达不到80％但均大于等于60％或者个别项目达不到设计要求,但不影响基本使用的,则可判定为基本通过;若三组数值中有一项数值已低于60％或重要项目检查结果有一项被评为不合格,则都判定为验收不通过。

第三,整改。整改主要针对两方面问题,一是基本通过或完全通过验收的工程,这样的工程需要根据最后的验收结论所提出的建议和要求进行相应的书面整改规划,最后还应得到建设单位的认可和签署意见。二是没有通过验收的工程,这样的工程禁止进行正式交付使用。设计、施工单位必须根据验收结论提出的问题,进行方案的整改和落实,经过整改后,方可再次提交验收请求,并且在进行工程复验时,还应以原来未通过部分为抽样比,进行检查和验收。

第三节　安全技术防范系统在建筑安全防范中的应用

一、安全防范技术的发展趋势

随着现代化科技的快速发展,安全防范技术也随着犯罪技术的提高而产生了重大的变化,尤其是在器件和系统功能方面,让一切信息化、复杂化、高隐蔽性的犯罪行为无处可逃。在如今的安全防范系统中,探测器经过一次次的升级已从原来操作简单、功能单一的初级产品发展成为复合多种技术的高新产品,以微波-被动红外复合探测器为例,在技术上融合了微波技术和红外探测技术。拥有微波探测器不受热源影响、可靠性强的特点,又不受照明和亮度的限制,可以实现昼夜运行,大大降低了探测器的误报率。又如,利用声音和振动技术的复合型双鉴式玻璃报警器,当玻璃振动和破碎时的高频声音同时被探测器所接收时,探测器才会发出报警信号,排除了因窗户的振动而引起的误报行为,报警的准确性被大大提高。因此,可以这样说,复合型技术报警探测器的准确率是单一型技术报警器准确率的几百倍。

至于系统功能方面,视频监视系统的效果也更加有效和直观。例如,利用摄像机的微型化和信息化可以让探测器躲藏得更加隐蔽;微光红外摄像机也帮助安全防范系统实现了全天候的工作;如今的录像装置能进行长达 24 小时、48 小时甚至 72 小时的记录工作;而多画面分隔器也为系统的可靠性、监控范围及设备的精简提供了巨大的贡献。除此之外,如今的大型综合安防系统不仅具有入侵防盗功能,还兼具防火、防爆以及安全检查的功能。当某一探测点发出了报警信号并自动通过电话线向报警中心报警的同时,报警中心也可以自动检测到报警信号的具体信息,实现双向互动。在探测信号的传输、报警控制器的控制方式方面也都分别产生了极大的变化。从有线传输转向了无线传输,降低了布线的工作量和材料成本;通过采用大容量的 CPU,实现计算机的总线控制,使得不仅安装工作量降低,系统可靠性还得到了提高。

通过以上的叙述,我们可以预测到安全防范技术的发展趋势是更加数字化、网络化、信息化以及集成化。未来的计算机和电子技术在安防器材的稳定性和可靠性方面也将实现进一步的提高。

(一)数字化

传统的安全技术防范系统在信息的采集、数据的传输方面以及系统的控制方式和结构形态上都与现代安全技术防范系统有着天壤之别,原因之一就是数字技术的使用。数字信号有很多优点,例如,频谱效率高、抗干扰性强、失真小等,因此,以图像探测和数字图像处理技术为核心,利用数字图像压缩技术和调制解调技术远程传输动态图像,系统中的视频、音频、控制与数据等信息流从模拟量转换为数字量,这标志着安全技术防范系统实现了真正的数字化。安全技术防范系统的数字化可以将安防系统中各种技术设备和子系统设备进行无缝连接,只要操作平台不变,就可以实现统一的管理和控制,安全技术防范系统网络也会更加坚固和安全。

(二)网络化

1.采用网络技术的系统设计

采用网络技术的系统设计其实就是安防系统结构由集总式向集散式的过渡。集散式系统的结构形式是多层分级,可以进行实时多任务、多用户及分布式的操作,并且其硬件和软件的设计都具有标准化、模块化和系统化的特点,是相较集总式系统更加合理的结构系统。集散式系统可以促使设备和资源进行合理的配置和共享,真正意义上实现安防系统中各个子系统的集成,从而对系统进行有效的管理和控制。集散式系统是安全防范系统结构的一个发展方向,促进了安全防范技术与其他技术之间的融合和集成。

2.利用网络构成系统

利用网络构成系统主要是指利用公共信息网络建立的专用安全技术防范系统。这种构成方式最大的特点就是既可随时随地地建立也可随时随地地撤销,使得安全防范系统的结构由封闭式走向开放式,系统也由固定设置向自由生成的方向发展,在某种程度上预示着安全防范系统将会产生巨大的变革。

(三)信息化

信息化的概念并不是一成不变的,它会随着时代和技术的变化而产生不同的含义。另外,自动化和信息化之间也有着一定的区别,自动化是孤立地反映着各种物理量和状态的变化,而信息化则是从每个物理量的相关性和变化过程的特征出发,进行全面的分析和判断,从而得出真实的探测结果。因此,我们可以说,安全技术防范系统的信息化就是实现真实的探测,实现图像信息和各种特征的自动识别,为系统与系统之间提供可靠、真实、有效的数据。安全技术防范系统的信息化以人性化设计为核心,使得系统可以模仿人的思维方法进行分析和判断。例如,探测器报警系统在保留原有的探测环境物理量和状态变化的功能上还增强了对时间、频率、次序以及空间分布等的分析功能,从而做出报警与否的判断决定。又如,针对运动探测的自适应系统,也是先将各种环境因素综合起来进行分析,再得出最后的结论。

(四)集成化

安防系统集成化体现在安防系统不只是一个有着独立前端或后端的安防设备,而是一个完整的安防集成系统或多个安防子系统的整合。一个完整的安全技术防范系统包括各种安防子系统,比如视频监控系统、防盗报警系统、门禁对讲系统等,各个系统由统一的控制中心管理,可以实现不同平台的互联互通,极大地提高了安防业务的工作效率和管理效率。

二、安全技术防范系统的应用

(一)人防、物防、技防相辅相成

安全技术防范系统的应用,使人防、物防、技防相辅相成,共同保障着社会公共安全,这也是安全防范本身的目的。安全防范的基本功能是设防、发现和处置。这些可以通过人防、物防、技防等方面去实现,以形成一个完整的安全防范体系。一方面,要严密地设防(或布防),只有设防严密,才可能及时发现和处置。严密设防由保安人员值班和巡逻,严密组织和恪尽职守,安装适应不同防护级别的防护设施和不同档次的自动化管理系统。这样可对作案者形成巨大的威慑力。一旦有侵害可得到及时发现防患未然,并可及时快速查处,所以设防是基础,是关键。另一方面,人防、物防和技防有机配合才能形成高质量的安全防范效果。上述功能和"三防"所包含的六个方面是相辅相成的,每个方面都是至关重要的。可以说设防、发现、处置是安全防范的三要素。

(二)安全防范自动化网络和建筑自动化网络

从建筑的基本要求和建筑为人们所提供的环境,可以看出安全和安全防范自动化技术(系统)在建筑中具有重要地位,建筑的基本要求是向人们提供安全、高效、舒适、便利的建筑环境。建筑中必须要有安全防范设施和安全管理功能。构成建筑物整体计算机网络的重要子网有两个,分别为安全防范自动化网络(SAS)以及智能建筑自动化网络(BAS)。

借鉴现场总线国际标准和欧洲 BAS 网络三层结构,直接数字控制(DDC)分站级可视为自动化层,采用 RS486 通信协议,中央站级则为管理层,选用 TCP/IP 通信协议。这样在国标《民用建筑电气设计规范》(JGJ 16—2016)分级分布二层结构的基础上,增加了现场层,形成了适合国标《民用建筑电气设计规范》

(JGJ 16—2016)的 BAS 及 SAS 的三层结构。SAS 的三层结构在保留分级分布式二层结构的基础上,还吸收了现场总线控制技术的优点,既方便了设计,又简化了布置难度,节省了大量的材料和费用。

三层网络结构还适用于当前最先进的 BAS 和 SAS 网络集成系统,BAS 及 SAS 现场层和自动化层的总线可看作测控总线。测控总线的应用主要表现在现场总线的应用。在 BAS 或 SAS 中,网络总线上是上位管理计算机、中央站、分站、现场设备之间的连接总线,从计算机系统结构的角度上看,它是计算机的外部总线,计算机总线则可视为内部总线。网络总线属于网络技术,计算机总线属于计算机技术,网络是多个计算机的集合系统,数据通信和资料共享是其特点。

现场总线是连接智能现场设备和自动化系统的数字式、双向传输、多分支结构通信网络。它是用于现场仪表与控制系统之间的一种全分散、全数字化、智能、双向、互联、多变量、多节点、多站的通信系统。

研究认为,安全防范管理控制系统的集成式系统、综合式系统、组合式系统三种方式的发展与上述 BAS 的发展有密切的相应关系,由此得出安全防范管理控制系统的发展经历了如下过程:20 世纪 70 年代以前为组合式系统,70 年代之后至 90 年代初发展到综合式系统,90 年代中期就向集成式方向发展,到了 21 世纪初的今天发展到更成熟、更先进的集成式系统,即具有 Web 技术的网络集成系统。

(三)安全技术防范在建筑中的实际应用

1.大型商场、超市区域

安全技术防范在大型商场、超市的应用以闭路电视监控系统为主。闭路电视监控系统是在建筑物内外需要进行安全监控的场所、通道或其他重要的区域设置前端摄像机,通过对被监控区域或场所的场景图像实时传送实现对这些区域场所的视频监控。

其中商场、超市等主要防范区域需要安装摄像机,以确保可以对此进行全天 24 小时监控。摄像机的安装位置应参考商场的实际布局,通常商场主要通道口、电梯口、珠宝柜台及收银台等处都会安装摄像机,以便随时观察商场内的具体情况,为突发事件提供帮助。除安装摄像机外,还应在珠宝柜台、收银台等处设置紧急报警按钮开关和防抢钱夹等,用于紧急事件的报警。

商场超市闭店后,其主要的安全防范主要为入侵报警探测器、火灾报警探测器以及声音探测器等的设置。入侵报警探测器应隐蔽于营业区内,对一些非法入侵营业区的人员进行安全防范。其排布应根据现场情况划分,确保每个防区都有一台能够观察到此防区整体环境的摄像机。火灾报警探测器的安装目的是以服装等易燃区的探测为主。声音探测器则是用于监测营业区和仓库区域内的异常声响。

2.住宅区域

安全技术防范在住宅区的应用以安全防范报警系统为主,在主要公共活动场所,如公共走廊、电梯旁设置摄像机进行防范监控。住户设立分控子系统,独立布防和撤防。住宅区的安全防范报警系统控制主机设置在保安中心。每户住宅设置为一个防区。防区和报警系统控制主机采用总线连接,每个防区设置分控键盘,由用户自行对防区内的报警设置进行布撤防操作。保安中心与上一级报警中心联网。

第三章 防火报警消防研究

建筑本身的重要性决定了智能建筑应将安全问题摆在首位,而火灾是发生频率较高的灾害。对于高层和超高层建筑来说,消防人员扑救难度很大,人员疏散困难,一旦发生火灾,后果不堪设想。现如今,建筑工程信息化系统得到了迅速发展和普及,这也就意味着火灾自动报警系统不管是从设计、施工还是运行方面都必须有更高的要求。

第一节 火灾自动报警消防系统

一、系统的构成及工作原理

(一)系统的构成

在建筑物中较为完整的火灾自动报警与消防联动控制系统由报警控制系统主机、操作终端和显示终端、打印设备(自动记录报警、故障及各相关消防设备的动作状态)、彩色图形显示终端、带备用蓄电池的电源装置、火灾探测器(烟雾离子、光电感应,定温、差温、差定温复合、温感光电复合、红外线火焰、感温电线、可燃气体等)、手动报警器(破玻璃按钮、人工报警)、消防广播、疏散警铃、输入输出监控模块或用于监控所有消防关联的设施的中继器、消防专用通信电话、区域报警装置和区域火灾显示装置以及其他有关设施组成。

报警设备包括漏电火灾报警器、火灾自动报警设备(探测器、报警器)、紧急报警设备(警铃、电笛、紧急电话、紧急广播)。

自动灭火设备包括洒水喷头、泡沫、粉末、二氧化碳。

手动灭火设备包括消火器(泡沫粉末)、室内外消火栓。

防火排烟设备包括探测器、控制器、自动开闭装置、防火卷帘门、防火风门、排烟口、排烟机、空调设备。

通信设备包括应急通信装置、一般电话、对讲电话、无线步话机。

避难设备包括应急照明装置、诱导灯诱导标志牌。

与火灾有关的必要设施主要包括洒水、送水、应急插座、消防水池、应急电梯。

避难设施包括应急口、避难阳台、避难楼梯、特殊避难楼梯。

其他有关设备主要包括防范报警设备、航空障碍灯设备、地震探测设备、煤气检测设备、电气设备的监视、闭路电视设备、普通电梯运行监视、一般照明等。

(二)工作原理

火灾自动报警控制系统的工作流程如图 3-1-1 所示。

图 3-1-1　火灾自动报警控制系统工作流程图

在发生火灾的初阶段,最先发出信号的是可以感受温度、烟以及可燃气的火灾探测器,之后由火灾探测器将信号传给各个区域的报警显示器和处于消防控制室当中的系统主机。还有一种方法就是当人第一时间发现火情以后,可以通过手动报警器或者消防专用电话将发生火灾的信息传达到消防系统主机。消防系统主机会对人传送过来的信号进行确认,一旦发现火情,系统主机便会立刻做出一系列相应的动作指令,一般情况下主要有以下几种。

第一,将发生火灾楼层及其上下关联楼层的疏散警铃打开。

第二,以广播的方式通知人们马上离开。

第三,将发生火灾楼层以及与其相关联的上下楼层电梯前室正压送风和楼道内的排烟系统打开。

第四,将空调机、抽风机和送风机关闭。

第五,将消防泵、喷淋泵和水喷淋动作开启。

第六,将紧急诱导照明灯打开。

第七,普通电梯停止运行,开启消防电梯。

(三)功能

1. 显示功能

显示功能包括火灾部位显示、灭火设备的动作显示、防排烟设备的动作显示、防火卷帘门的动作显示、防火门开闭状态显示、消防电梯的位置显示、风向及风速显示、航空障碍灯断线显示、探测器的自检显示、消防电话的信号显示、地震感应器的动作显示(特殊场合要求时设置)、消防水箱水位显示。

2. 记录功能

记录功能包括消防设施的动作记录、消防设施的故障记录、探测器巡回检测故障记录。

3. 控制功能

控制功能包括防烟、排烟、灭火设备,消防电梯、消防广播系统选择,疏散报警系统选择,消防疏散门的开启,火灾时空调、送风、动力的切断,紧急诱导指示,地震时的特殊控制(特殊场合要求时设置)等。

二、火灾自动报警系统

(一)多线制系统和总线制系统

选择哪种系统主要根据火灾探测器以及报警控制器之间的连接方式来进行

确定。

1.多线制系统

多线制系统结构的火灾探测器与报警控制器之间必须要采用两条或者多条导线来连接,通过简单的模拟或数字电路构成火灾探测器。火警信号是通过电平翻转进行输出的,同时依靠直流信号巡检使火灾报警控制器向火灾探测器供电,两者采用硬线对应连接。由于这一系统结构的最少线制必须为 $n+1$,不管是从设计阶段,还是到之后的施工和维护的过程都是非常复杂的,所以这一系统结构已经慢慢地被淘汰。多线制火灾自动报警系统结构原理如图 3-1-2 所示。

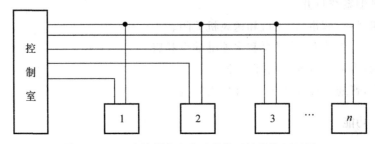

图 3-1-2　多线制火灾自动报警系统结构原理图

2.总线制系统

总线制系统结构主要是通过数字脉冲信号巡检和信息压缩传输的,火灾探测器和报警控制器之间的协议通信以及系统检测控制都是通过大量编码、译码电路和微处理机来实现的,有枝状和环状两种工程布线方式。该系统结构一般会采用二总线制、三总线制和四总线制,联动消防设备有模块和硬线两种。总线制火灾自动报警系统结构原理如图 3-1-3 所示。

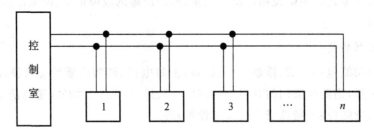

图 3-1-3　总线制火灾自动报警系统结构原理图

(二)集中智能系统和分布智能系统

选择哪种系统主要根据火灾报警系统对火灾信息以及智能判断的方式来进

行确定。

1.集中智能系统

集中智能系统多为二总线制结构,所选用火灾报警控制器一般是通用的,火灾探测器主要是对一些有效的火灾参数进行采集,经过变换以后对其进行传输,其作用就相当于火灾传感器。火灾报警控制器对信息进行集中处理的功能、储存数据的功能以及系统巡检的功能,都是通过微型机技术来实现的。除此以外,火灾信号特征模型、调整报警灵敏度、火灾情况的判别、网络通信、图形的显示以及消防设备的监控等功能都是由内置软件来完成的。

2.分布智能系统

分布智能系统主要是通过火灾报警控制器,将集中智能型系统的部分功能返还给现场真正的火灾探测器,最大限度地避免了火灾报警控制器需要处理大量信号的负担,使其系统巡检、火灾参数的运算等上级管理功能可以顺利实现,系统巡检的速度、稳定性以及可靠性得到提高。

(三)网络通信系统

网络通信系统可以在集中智能型结构和分布智能型结构这两种系统结构的基础上形成。所谓网络通信系统,就是在火灾报警控制器上应用计算机网络通信技术,这样就可以通过网络结构、通信协议以及专用通信干线,使火灾报警控制器之间实现数据和信息的交换,进而使火灾监控系统能够对层次功能进行设定、对火灾数据进行调用和管理以及对网络服务进行使用等。

总之,智能型火灾自动报警控制系统是以计算机数据处理传输作为系统的信息报警和自动控制。系统会在其可检测的环境范围内,利用智能类比式探测器,对烟含量以及温度随时间变化的综合信息数据进行采集,并与系统主机数据库中存有的大量火情资料进行分析和比较,进而准确地发出实时火情状态警报,联动各消防设备投入灭火。

三、固定灭火装置的联动控制

大部分情况下,针对高层建筑或者智能建筑的固定灭火设施主要有以下几种。

第一,室内消火栓灭火系统。

第二,自动喷水和灭火系统。

第三,气体灭火系统。

其中,室内消火栓和自动喷水灭火系统的主要供水设备分别是消防泵和喷淋泵。气体类灭火系统的主要设备是控制盘、电源箱以及电磁阀。火灾监控系统的联动功能应包括以下三种系统:第一,室内消火栓系统;第二,自动喷水灭火系统;第三,二氧化碳气体灭火系统。同时,在对联动控制的逻辑与要求进行确定时,应严格按照实际工程的需要。另外,在对接收到的火灾警报进行确认之后,要第一时间启动联动控制系统。启动的方式有自动和手动两种。

(一)室内消火栓灭火系统

室内消火栓灭火系统主要有以下两部分组成。

第一,消防给水设备。其主要由水管网、加压泵和阀门组成。

第二,电控部分。其主要由启泵按钮、消防中心启泵装置和消防控制柜组成。

在该系统当中,消防泵联动控制过程如图3-1-4所示。

图3-1-4 消防泵联动控制过程框图

(二)自动喷水灭火系统

自动喷水灭火系统应用最广泛的要数湿式系统,也就是充水式闭式自动喷水灭火系统。该系统水喷头上会安装一种温度元件,当火灾发生时,该元件的温度会随之升高,达到该元件的额定温度之后,就会触发水喷头,系统支管内的水也会随之流动,从而依次使水流指示器、湿式报警阀以及压力开关动作,最后,消防控制室会收到这三个部件发送过来的动作信号。消防控制室收到信号之后会启动消防水泵,这时候所产生的信号会被传送到消防控制室,接着,水位警铃开始报警。除此之外,消防控制室还会接收到支管末端放水阀以及试验阀启动产生的信号。充水式自动喷水灭火系统中喷淋泵的联动控制过程如图3-1-5所示。当系统接收到水流信号和泵阀关闭动作的信号以后,喷淋泵控制器就会产生相应的信号,对喷淋泵进行直接控制,与此同时,返回的水位信号也会被接收,进而对喷淋泵的工作状态进行监测,以达到实现集中联动控制的目的。

图 3-1-5 喷淋泵的联动控制过程框图

与湿式灭火系统不同,干式喷水灭火系统的消防控制室当中还应该设有可以显示最高和最低气温的装置,同时,系统的最低气压也要能够通过预作用系统显示出来。如果高层建筑的给水系统是按高、中、低来进行分区的,那么消防控制系统也应该同样通过分区来实现自动喷水灭火系统的控制和显示功能。

(三)干粉灭火系统

干粉灭火系统主要包括以下三种操作系统。

第一,手动操作系统。该操作系统大多是用于一些经常会有人在的房间。

第二,半自动操作系统。该操作系统主要是用于一些不经常有人,人难以靠近或人所在值班室距离保护房间比较远并且生产装置自动化程度比较高的地方,这些地方的干粉灭火系统就可以采用远距离控制的方式来启动。在灭火房间外安装启动按钮操作装置即可。

第三,自动操作系统。该操作系统主要是用在一些自动化程度比较高的地方,通常所设自动干粉灭火系统是由火灾报警系统和干粉灭火装置联动的。此外,如有需要也可以同时设置半自动和自动干粉灭火系统,通过转换开关,实现白天半自动、晚上自动的操作系统。除以上灭火系统以外,还有二氧化碳灭火系统和水雾灭火系统。

(四)防排烟设备的联动控制

为了防止发生火灾时烟气进入疏散通道,通常会设置防烟设备。当烟气大量增多时,为防止烟气积累或者扩散到疏散通道,也会相应地设置排烟设备。可以说,这两个设备及其系统在综合性自动消防系统当中是必不可少的。

防排烟系统的送风方式主要有自然排烟、机械排烟、自然与机械排烟、机械加压送风等。防排烟设备主要包括两个风机、两个阀,即正压送风机、排烟风机、送风阀和排烟阀。

当火灾发生时,消防控制室起到的作用主要有以下几点。

第一,对各电子防排烟设备的运行情况进行显示。

第二,进行连锁控制和就地手动控制。

第三,在火灾发生时,可以通过消防控制室将相对应排烟道上的一排烟口打开,同时启动排烟风机和正压送风机。

第四,将相对应的防火卷帘和防烟垂壁降下。

第五,将安全出口的电动门打开。

第六,将相关的防火阀和防火门关闭,同时将各防烟分区的空调系统停止。

第七,对于一些设有正压送风的系统,送风口和送风机也会被同时开启。

1.防排烟控制

通常情况下,中心控制和模块控制是防排烟控制的两种主要形式,如图 3 - 1 - 6 和图 3 - 1 - 7 所示。

图 3 - 1 - 6　排烟控制过程框图——中心控制方式

如图 3－1－6 所示,防排烟控制的中心控制方式就是在接到火灾报警信号之后,消防中心控制室便会直接产生信号,开启排烟阀门,排烟风机就会随之启动,空调、送风机、防火门关闭,各设备的返回信号以及防火阀的动作信号都会在这个时候被接收,各设备的运行情况也就会被监测到。如图 3－1－7 所示,防排烟控制的模块控制方式就是在接到火灾报警信号之后,消防中心控制室就会产生信号,启动排烟风机和排烟阀门,之后通过总线和控制模板对各个设备进行控制,接收各设备启动之后反馈回来的信号,进而对其运行状态进行监控。

图 3－1－7 排烟控制过程框图——模块控制方式

2.电动送风阀、排烟阀的控制

在建筑物的过道、防烟前室以及没有设置窗户房间的防排烟系统当中安装送风阀或排烟阀,将它们作为排烟口或正压送风口。在未发生火灾时,这些阀门呈关闭状态。由于闸门是通过电磁铁作为其电动操作机构的,所以,也只有在电磁铁通电之后,阀门才会开启。而发生火灾时,阀门就会接收到电动信号,这时候阀门也就自然而然地打开了。

电磁铁的控制形式主要有以下两种。

第一,消防控制中心火警连锁控制。这种控制方式就是通过火灾时产生的高温将自身的温度熔断器启动来实现对电磁铁的控制。

第二,自启动控制。这种控制方式就是在火灾现场通过手动操作来实现对电磁铁的控制。在阀门被打开之后,微动开关就会立刻接通信号回路,这个时候阀门已经被开启的信号就会反馈给控制室。同时也会对其他装置进行连锁控制。

3.防火阀及防烟防火阀的控制

正常情况下防火阀是打开的状态,只有当火灾发生时,随着烟气温度的不断升高,直到达到熔断器的熔点之后,阀门才会自动关闭。一般情况下,只有一些有防火要求的通风或者空调系统的风道上才会用防火阀。开启防火阀的方式主要有两种:第一,手动复位;第二,利用电动机构进行复位。一般来说,电磁铁是电动机构的首选。在接收到消防控制中心传来的命令之后。阀门就会自动关闭。除了在机构上有防烟要求之外,防烟防火阀与防火阀的工作原理基本上是一样的。

4.防火门及防火卷帘联动控制

防火门和防火卷帘的主要作用就是隔火、阻火、防止火势向更大范围蔓延。它们都属于防火分隔物,并且它们与火灾监控系统是连锁的。

在建筑物未发生火灾的情况下,防火门一般处于开启状态。一旦有火灾发生,防火门就会通过各方面的控制关闭。防火门的关闭方式可以是人为手动关闭,也可以利用电动控制来关闭。需要注意的是,在采用电动控制时,防火门上必须要设有相配套的闭门器以及释放开关。

疏散通道上设有的出入口就是电动安全门。在未发生火灾时,电动安全门通常是处于关闭或者自动的状态,只有当火灾发生时,电动门才会开启。可见,电动安全门的控制目的与防火门是正好相反的。

一般在建筑物的防火分区通道口以及一些需要进行防火分隔的部位,都会设置防火卷帘,设置的目的就是为了形成门帘式防火分隔。在没有火灾发生的情况下,防火卷帘是处于开启状态的,即收卷状态;一旦有火灾发生,可以通过人为手动操作或者通过消防控制中心的连锁控制使其关闭。为了使人员可以更加方便地疏散,防火卷帘一般会分两步降落。

防火卷帘的控制过程框图如图 3-1-8 和图 3-1-9 所示。

图 3-1-8　防火卷帘的控制过程框图——中心联动控制

图 3 - 1 - 9　防火卷帘的控制过程框图——模块联动控制

(五)火灾应急照明系统

在火灾发生时,一些重要部位,比如紧急疏散通道以及需要继续工作的房间需要保证有最低照度的照明,这就需要设置火灾应急照明。其工作方式主要有以下两种。

第一,专用照明。它在平时一般是呈关闭状态的,只有当火灾发生时才会被强行启动。

第二,混用照明。混用照明在平时也会作为工作照明的一部分,同时它也设有照明切换开关,在火灾发生后会被强行开启。

在一些人员相对比较密集的场所,都必须要设置火灾应急照明。并且,在火灾发生时是不能够停电的,尤其是一些必须要坚持工作的场所,也必须要安装火灾应急照明系统。

楼梯间的下述部位必须要安装应急照明灯。

第一,墙面或者休息平台板下。

第二,楼梯间的走道上,一般设在墙面或者顶棚下。

第三,厅、堂等部位,一般设在墙面或者顶棚上。

第四,楼梯口或太平门,一般设在门口上部。

在设置火灾应急照明时,要优先考虑可以瞬间点燃的光源,比如白炽灯、可快速点亮的日光灯等等。当然也有一些特殊情况,比如部分正常照明的灯光经常点亮,并且发生故障时不需要切换电源,如果是这类火灾应急照明,也可采用普通日光灯或其他光源。

(六)火灾应急广播与警报系统

在火灾或者意外事故发生时,需要及时地指挥事发现场的人员尽快疏散,这时候就需要用到火灾应急广播。比如警铃、警笛、警灯等设备都属于火灾报警装置,它们的共同作用就是意外发生时向人们发出警告。

在高层建筑当中安装火灾应急广播,应确保火灾发生时,不管已经安装的扬声器是否正在工作,都应具备可以第一时间切换到火灾事故广播线路的功能。也就是说,高层建筑中原有的广播音响系统必须要具有火灾应急广播功能。

设置火灾应急广播时必须要用专用的扩音机,如果扩音机放置在了其他广播机房内,则应在消防控制室内安装可以对扩音器进行遥控的装置,此外,还应该在消防控制室设置直接使用话筒播音的功能。

需要注意的是,火灾发生时,应急广播所发出的警报应该只是针对起火楼层以及相关楼层,对于安全楼层则不能开启火灾应急广播系统,以免造成不必要的恐慌。

比较常见的一种火灾报警装置就是火灾警铃,它通常是被安装在走道、楼梯等公共场所。在建筑物当中,不同的防火分区所设置的火灾警铃也各不相同,采用的报警方式也是分区报警。如果建筑当中已经设置了火灾应急广播系统,那么就可以不必再设置火灾警铃。手动报警的开关位置应设置火灾警铃或者讯响器,这样在进行手动报警的同时,就可以向本地区报警。

(七)消防通信系统

与普通电话系统不同,消防专用电话是一个相对独立的系统,它的主机设在消防控制室,其他各个部位设置分机。消防控制室、消防值班室或工厂消防队(站)等处,应装设向公安消防部门直接报警的外线电话。

(八)消防系统的耐火耐热配线

在符合电气安全要求,满足供电可靠性的前提下,应采用具有耐火耐热性能的配线作为消防设备电气配线。

1.耐火配线

一般情况下,按照典型的火灾温升曲线对线路进行试验,从受火作用起,到火灾温升曲线达到840℃时,在30 min内仍能有效供电的,即为耐火配线。

2.耐热配线

一般情况下,按照典型火灾温升曲线的1/2曲线对线路进行试验,从受火作用起,到火灾温升曲线达到380℃时,在15 min内仍能有效供电的,即为耐热配线。

第二节　火灾自动报警消防系统施工技术

一、火灾探测器的安装

(一)安装注意事项

第一,凡是处于探测区域内的房间都必须要设置火灾探测器,并且至少要设置一个。探测区域中相对独立的空间都可称为独立的房间,不管这个独立房间的面积有多大,哪怕比探测器的面积还小,也必须要设置一只探测器来进行保护。尽量避免几个独立房间共用一只探测器的现象发生,且感温、感光探测器距离光源应大于 1 m。

第二,当探测器装在坡度不同的顶棚上时,烟雾会随着顶棚坡度的增大,沿着顶棚和屋脊逐渐聚集,所以将探测器安装在顶棚上,既会增加感受烟和热气流的机会,同时,也可以适当增加探测器的保护半径。

第三,要想使安装顶棚上的感烟探测器受环境条件的影响尽可能地减小,就要使探测器监视的地面面积至少为 80 m²。所以,适当地增加房间高度,不仅可以增大火源与顶棚之间的距离,使烟的扩散区域增大,同时,受探测器保护的地面面积也会相应地增大。

第四,由于房间顶棚高度不同,感温探测器能探测到的火灾规模也各不相同。鉴于此,我们要根据不同的顶棚高度将感温探测器划分成不同的灵敏度级别,也就是说,高度越高灵敏度就要越高。

第五,根据火灾类型的不同,感烟探测器的灵敏度也会有一定的差距,这也就使得房间高度与探测器灵敏度之间的对应关系无法进行准确规定。但是房间越高,烟越稀薄,所以当房间高度增加时,只要将探测器的灵敏度相应地调高即可。

第六,如果梁凸出顶棚的高度超过了 600 mm,则被梁隔断的每个梁间区域至少应设置一只火灾探测器。如果被隔断的区域面积要比一只火灾探测器的保护面积大,则应把该区域视为探测区域来进行处理(当梁间净距小于 1 m 时,可视为平顶棚)。

第七,如果房间内部被一些设备或者其他物品分隔,设备或物品的顶部与顶棚或梁之间的距离又小于房间高度的 5%时,则被分隔出来的区域也应该安装一只或多只火灾探测器。

第八,探测器与一些物体之间的最小距离规定如下。

火灾探测器:距离墙壁和梁边的水平距离最小应为 0.5 m,距离照明用灯具的水平距离最小应为 0.2m。

感温探测器:与高温光源灯具之间的距离最小应为 0.5 m。

感光探测器:与光源灯具之间的距离最小为 1 m;与电风扇之间的距离最小为 1.5 m;与置于内部的扬声器之间的距离最小为 0.1 m;与自动喷水喷头之间的最小距离为 0.3 m;与防火门、防火卷帘之间的距离应为 1~2 m 之间,具体位置应视情况而定。除此以外,探测器与空调送风口之间的距离最小为 1.5 m,与多孔送风顶棚孔口之间的水平距离最小应为 0.5 m。

第九,当内走道的宽度不足 3 m 时,应在其顶棚居中设置火灾探测器。

第十,各感温探测器之间的距离最大应为 10 m;各感烟探测器之间的最大距离应为 15 m。探测器与端墙之间的距离应该小于或者等于所设置探测器间距的一半。

第十一,对于一些锯齿形屋顶,或者坡度大于 15°的人字形屋顶,则每个屋脊处都应安装火灾探测器。

第十二,对于电梯井、升降机井来说,应将火灾探测器安装在井道上方的机房顶棚上。

第十三,对于管道竖井,当截面积大于 1 m² 时,在顶棚安装一只火灾探测器。但如果该竖井内部的风速经常维持在 5 m/s 以上,或者竖井内部存有大量的灰尘、垃圾甚至有很大的臭气,则该竖井内可以不安装火灾探测器。

第十四,一般情况下,火灾探测器应水平安装,如果少部分情况下必须要倾斜安装,则倾斜的角度不应超过 45°。

第十五,火灾探测器周围 0.5 m 内不应有遮挡物。楼梯间的顶部应安装一只火灾探测器。

第十六,探测器应安装在便于管理的位置,在底下楼梯间安装探测器的要求与地上楼梯间完全相同,如果地下只有一层,则可以与地上楼梯间共用一只火灾探测器。

第十七,如果是在有天窗的屋顶安装火灾探测器,主要包括几方面注意事项:如果天窗所起到的作用主要是换气,那么应在热气流流经的位置安装火灾探测器;如果天窗的两肩小于 1.5 m,则应在两肩处各安装一只火灾探测器,其他部位按照人字形顶棚的相关规定进行安装即可;如果天窗的两肩大于 1.5 m,则除了在两肩位置安装以外,还要在天窗人字木之间的系梁上安装。

(二)火灾探测器的固定

底座和探头是组成火灾探测器的两个主要部分。根据结构形式的不同,底座可以分为很多种,比如防水底座、防爆底座等。确定好火灾探测器的安装位置之后,就需要开始在顶板上钻孔,连接好灯位盒和配管,然后将保护管固定在吊顶上,将灯位盒紧密地与顶板贴合在一起。

明装底座,直接安装在吊顶的顶板上或明配线路的灯位盒上。火灾探测器暗装盒需要预埋,施工时,专用盒或灯位盒及配管应一同埋入楼板层内。使用钢管配管时,管路应连接成导电通路,用两个螺丝将底座与各种预埋盒固定起来。对于相配套灯位盒的选择,应根据火灾探测器底座固定螺钉的间距和螺钉的直径来进行确定。火灾探测器或其底座报警确认灯应安装在方便工作人员观察到的主要入口处。

(三)火灾探测器的接线与安装

在安装火灾探测器之前应对其采取防尘、防潮、防腐蚀等保护措施,火灾探测器在调试的过程当中即可进行安装。探测器底座的接线即为火灾探测器的接线。一般情况下,底座的安装与接线是同时进行的。

安装底座时,应将盒内预留导线的线芯依次与火灾探测器底座相对应的接线端子连接在一起。底座的外接导线应有大于 15 mm 的余量。同时还要在入端处做好较为明显的标志。底座的穿线孔最好是进行预堵,需要注意的是,底座安装完毕后同样还需要采取相应的保护措施。

完成接线工作以后,需要用配套的螺栓将底座固定在预埋盒上,并且还要罩好防潮罩。根据设计要求对接线以及安装情况进行检查之后,将探测器的探头拧紧。探测器探头通过接插旋卡方式装入底座中,底座上有缺口或凹槽,探头上有凸出部分,安装时,探头对准底座,以顺时针方向旋转拧紧。

(四)线型火灾探测器的安装

1.红外光束线型感烟火灾探测器

这种线型探测器主要安装在烟比较容易进入的光束区域,安装位置不能有其他障碍物遮挡,也不能有一些对光束产生影响的环境条件,并且,发射器和接收器都必须安装牢固,不能有任何的松动。发射器和接收器应相对安装在保护空间的两端,安装面互相平行且垂直于底面。

对于顶棚为平顶棚的建筑物来说,可根据顶棚以及房间高度来进行火灾探测器的安装。当顶棚高度 $h \leqslant 5$ m 时,火灾探测器到顶棚的距离 $h_2 = h - h_1 \leqslant 30$ cm。当顶棚高度 5 m $\leqslant h \leqslant 8$ m 时,火灾探测器到顶棚的距离 30 cm $\leqslant h_2 \leqslant 150$ cm,$h_1 \leqslant 6.5$ m。当房间高度为 $8 \sim 14$ m 时,可视情况分两层进行安装,即除了在贴近顶棚的下方墙壁支架上安装火灾探测器以外,还应该在位于房间高度中

间位置的墙壁或者支架上安装光束感烟火灾探测器。当房间高度为 14～20 m
时,应视情况分为三层来进行火灾探测器的安装与设置。

2.缆式线型定温火灾探测器

在传送带上进行敷设时,可通过 M 形吊线在传送带的上方和侧面直接敷
设。安装在传送带上方,在传送带宽度不超过 3 m 时,热敏电缆应直接固定在
距传送带中心正上方不大于 2.25 m 的支撑件上。

安装在靠近传送带的两侧的热敏电缆通过导热板和滚珠轴承连接起来,用
于探测由轴承摩擦和煤粉积累引起的过热。热敏电缆在传送带空转臂上安装于
传送带两侧。

在安装热敏电缆之前应对其绝缘状态进行测试,这一过程通常会用到 1 000
V 兆欧级电压表,根据兆欧级电压表显示出来的阻值来进行确定,如果阻值呈
无限大,则表示被测热敏电缆是完好可用的。

在敷设热敏电缆时,首先要用固定卡具将其固定,设置直线部分固定卡具
时,间距应不大于 500 mm;设置弯曲部分固定卡具时,间距应不大于 100 mm。
接线盒及终端盒端子和固定卡具的固定间隔应小于 100 mm。

在敷设的过程中,为了防止护套破损,应尽量避免硬性折弯和扭转。如果必
须要弯曲,弯曲半径不得小于 200 mm。一般来说,敷设完成后,不应该再做加
热试验,如果在必须要做的情况下,则可利用火柴或者打火机,在终端盒附近进
行加热试验。试验完成以后,切除此段热敏电缆,重新接好即可。

3.空气管线型差温火灾探测器

空气管应安装在距离安装面 100 mm 处,最大距离不得大于 300 mm。同
一火灾探测器的空气管互相间隔 5～7 m,并用挂针或吊线固定。固定时的注意
事项主要包括:第一,在直线部分安装时,两固定点的间距不能超过 1 m;第二,
在弯曲部分安装时,应该在弯曲部位不超过 50 mm 的地方进行固定;第三,对于
连接在一起的两个空气管,固定位置应设在不超过连接部位 50 mm 的位置;第
四,在进行弯曲安装时,弯曲半径不能小于 5 mm,并且不能使空气管破裂;第
五,如果需要穿过墙壁或者其他物体进行安装时,必须要在空气管上套保护管或
绝缘套管来进行保护;第六,如果想要将两根空气管连接在一起,首先应该将两
根空气管接触的部位磨平,之后再插入套管,最后用焊锡焊牢即可。

在平面顶棚上安装时,原则上是敷设在顶棚的四周。但采用这些敷设方法
也能有效地探测火灾:第一,减掉敷设在顶棚四周的任何一边的空气管;第二,在
每个探测区域内,空气管的露出长度必须超过 20 m;第三,在安装前,必须要对
空气管进行流通试验,只有在确保空气管不堵、不漏的情况下,才能够继续安装。

(五)点型火焰火灾探测器的安装

这种火灾探测器主要是安装在可为火灾危险区提供清晰"视线"的位置,在有效探测范围内不应有障碍物,宜安装在顶棚桁架、支撑物、墙壁或墙角的适当位置,并固定牢靠。

在安装探测器时,应避免阳光或灯光的直射,甚至反射光也不能照射到探测器上。如果实在无法避免红外光的反射,则必须要采取防护措施,即采用遮挡的方式来避开反射光源,以免探测器出现误报的现象。在安装探测器时,还要测量好间距,这样就可以在很大程度上避免探测死角的出现。一般来说,安装间距不能大于安装高度的两倍。在锯齿形顶棚或有梁顶棚上,安装位置应选在最高处的下面。

紫外火焰探测器的安装位置应处于被监视部位的视角范围以内,在有效探测范围内,不应有障碍物。该探测器应安装在墙上或其他支撑物上,并固定牢靠;安装在潮湿场所时,应注意密封,并尽可能避免雨淋,防止受潮;不宜安装在可能产生火焰区域的正上部。在探测器安装区域及邻近区域内,不得进行电焊操作,也不允许安装产生大量紫外线的碘钨灯等照明设备,以免引起误报。探测器的安装数量要适当,防止死区。

(六)防爆型火灾探测器的安装

防爆型火灾探测器安装在防爆区,连接方式主要包括两种:第一种,进入安全区通过安全栅和非编码控制器连接在一起;第二种,通过含安全栅的防爆编码接口与总线编码控制器相连。

(七)空气抽样火灾探测系统的安装

空气抽样火灾探测系统的最大保护面积为 2 000 m²。每个探测器的最大保护面积为 100 m²。按照规定,火灾探测器与墙壁之间的距离应小于 5 m;两个火灾探测器的间距应小于 10 m。管路的安装方式主要有以下三种:第一,在天花板下方安装;第二,隐藏式安装;第三,回风口安装。管路系统一般采用单管、双管、三管以及四管。单管和双管,每管的管长不能超过 100 m;三管和四管,每管的管长不能超过 50 m。除此以外,每根管的取样孔不能超过 25 个。

(八)可燃气体探测器的安装

可燃气体探测器的安装方式有墙壁式与吸顶式,安装注意事项主要包括:第一,墙壁式瓦斯探测器应该安装在距离煤气灶 4 m 以内的位置,并且要高于地面 0.3 m;第二,吸顶式探测器应该安装在距离煤气灶 8 m 以内的屋顶上;第三,如果屋内有排气口,可以将瓦斯探测器安装在排气口附近,但是要确保与煤气灶的距离不小于 8 m;第四,当安装高度不小于 0.6 m,并且房间内有梁时,探测器应装在有煤气灶的梁的一侧;第五,探测器在梁上安装时距屋顶应不大于 0.3 m。

(九)智能火灾探测器的安装

火灾报警系统宜选用信息化的类比式火灾探测器。新型智能探测器在探头检测器采用两个串联的取样电阻,其中一个取样电阻与探测头并联,此并联的探测头与取样电阻的配合使用,使信号处理主机具备了智能分析判断功能。而探测头的选择也具有多样性,可以选择机械式探测头,如万向开关、震动开关和行程开关等,还可采用声光电探测头,如红外探头、瓦斯探测器、声控探测器、烟雾探测器和超声波探测器等,利用这些探测头以适应不同的场所。

二、手动报警按钮的安装

报警区域内的每个防火分区都设置有一个或者多个手动火灾报警按钮。一般情况下,在建筑物中易于人接近和操作的部位,比如一些安全出口、安全楼梯口等都会安装手动火灾报警按钮。对于有消火栓的建筑物,应将手动火灾报警按钮设置在消火栓的附近。通常情况下,为了防止误报警,需要打破玻璃按钮才能触发手动火灾报警按钮,有的也会在报警按钮上设置火警电话插孔。从防火分区到手动火灾报警按钮的步行距离应小于 25 m。手动火灾报警按钮一般应安装在距离地面 1.5 m 左右的墙上,安装部位应易于被人发现并设有明显的标志,同时还要易于操作。按钮的安装方式与火灾探测器的安装方式基本相同,同样也需要与之配套的灯位盒。在进行并联安装时,还应在终端按钮内加装监控电阻。在安装的过程中,要始终保持水平,安装完成后要做加固处理。外接导线要留有至少 100 mm 的余量,同时还要在外接导线的端部做明显的标志。

三、接口模块的安装

接口模块主要包括输入/输出、切换及各种控制动作模块以及总线隔离器等。被隔离保护的输入/输出模块最多为 32 个。通常情况下,模块会被装在设备控制柜内,以便今后进行维护和修理。如果模块被安装在吊顶外,应安装在距离地面 1.5 m 处的墙面上。如果安装在吊顶内,则还应该在吊顶上开设用于维修的孔洞。明装时,应在预埋盒上安装模块底盒;暗装时,应在墙内或专用装饰盒上安装模块底盒。

四、警铃的安装

在每个火灾监测区域都应视情况安装一个或多个警铃。一般情况下,警铃会被安装在一些人员密集并且较为明显的位置,例如门口、走廊等,安装位置应该确保警铃响起时,防火区内的任何位置都能够清晰地听到声音。警铃通常被安装在距离地面 2.5 m 左右的墙壁上,用于固定警铃的螺栓还需要加弹簧垫片。

五、门灯的安装

在多个探测器并联时,需要安装门灯显示器,安装的位置可以在房门上方或者一些比较明显的地方,安装门灯显示器的主要作用就是使探测器在报警时可以重复显示。同时,应在并联回路中设置门灯,如果有任何一只探测器发出报警声,门灯都会发出报警指示。同样地,安装门灯时也需要选用相配套的灯位盒或接线盒,并且预埋在门上方的墙壁内,需要注意的是,预埋的位置不可以凸出墙体饰面。门灯的接线方式要严格按照厂家提供的接线示意图来进行。

六、火灾报警控制器的安装

火灾报警控制器一般安装在消防控制室或消防中心。

(一)区域火灾报警控制器的安装

常见的区域火灾报警控制器通常为壁挂式,所以一般可以利用膨胀螺栓直接安装在墙上,膨胀螺栓主要是起到固定的作用。膨胀螺栓的选择主要是根据控制器的重量来确定:第一,小于 30 kg 的控制器使用 M8×120 mm 的膨胀螺栓即可;第二,大于 30 kg 的控制器为了固定得更加牢固、不易脱落,需使用 M10×120 mm 的膨胀螺栓。如果控制器是安装在轻质墙上,则还需要在加固之后安装箱体。如果该控制器安装在支架上,应先将支架加工好,进行耐腐蚀处理,将支架装在墙上,控制箱装在支架上。墙内预埋分线箱时,应确定好控制器的具体位置,在安装的过程中应始终保持平直与端正。

(二)集中火灾报警控制器的安装

常见的集中火灾报警控制器通常为落地式,柜子下面还设有进出线地沟。为了便于今后从后面进行检查和修理,柜后面板与墙壁的距离应大于 1 m。如果安装完之后有一侧靠近墙壁,则另外一侧与墙壁之间的距离必须要大于 1 m。当采用单列的方式对设备进行布置时,正面操作的距离应大于 1.5 m。当采用双列的方式进行布置时,距离应大于 2 m。对于值班人员经常工作的那一面,控制盘前面的距离应大于 3 m。

一般情况下,设备会被安装在采用 8～10 号槽钢制成的型钢基础底座上,当然也可以采用合适的角钢 C 型钢底座,尺寸应根据集中火灾报警控制器来确定。只有在确保火灾报警控制设备内部器件完好、清洁、整齐、技术文件齐全、盘面无损坏的情况下,才可进行设备的安装。

在固定好设备之后,还要对内部进行彻底的清扫,不应在柜内留有任何的杂物,同时还要对机械的灵敏度和导线连接的紧固程度进行检查。

通常情况下,只有一些规模比较大的火灾自动报警系统才会设有集中报警控制器。控制器应安装牢固,不能倾斜。如果控制器安装在轻质墙面上,还要采取加固措施。

集中火灾报警控制器的主电源应与消防电源直接相连,同时,主电源处还应有明显的标志,严禁使用电源插头。

七、专用配线箱的安装及接线

建筑物内的各个楼层都应设置火灾专用配线箱来进行线路的汇接,一般情况下,会用红色的标志在箱体上进行标记。如果是在专用竖井内设置箱体,则应严格按照设计时所要求的高度以及位置,将箱体通过膨胀螺栓固定在墙壁上。

在配电线箱体内,各种导线通过端子板汇接到一起,其中不同电压、不同电流和不同用途的导线应分类设置到不同的端子板上,同时需要用保护罩把不同电压和不同交变方式的电流端子板隔离开来,以确保设备和人员的安全。

接入控制器的电缆或者导线应梳理整齐,固定牢靠,避免出现导线交叉的情况;导线端部与其对应的电缆芯线要与图样一致,并标明编号,确保字迹清楚不会褪色。为保证导线顺利接入,导线和电缆线芯需要留出不小于 200 m 的富余量,端子板的每个接线端接线数量不得大于两根,导线应捆绑固定成束,进线管引入穿线之后需要用专业的密封材料进行封堵。单芯铜导线接入端子板之前需要把绝缘皮剥离掉,绝缘层的剥离长度一般比端子插入孔长 1 mm 最为适宜;至于多芯铜导线,在剥离掉绝缘层之后,还需要在线芯端部挂锡之后再接入端子。

八、控制设备的安装

在安装消防控制设备前,需要对其进行功能检查,检查合格的方能进行安装。设备外接导线采用金属软管作为套管时,其长度不宜超过 2 m,同时以管卡进行固定,每个固定点间距不应大于 50 cm。消防控制设备的接线盒或接线箱与金属套管应采用锁母固定,同时需要根据相应规定接地。消防控制设备外接导线应设置明显标识;设备柜的端子应按照不同电压和不同电流进行分隔并标注明显标识。

第三节　建筑火灾自动报警消防系统研究

一、基本要求

火灾自动报警系统的主要作用在于探测火灾隐患,并通过消防联动系统控制消防设备及时消除火灾隐患,防止灾难发生。作为建筑工程信息化的一个重要组成部分,火灾自动报警系统必须要符合相应的设计规范技术要求,根据不同功能的建筑进行合理配置,以达到以下目的:第一,能够适应环境的多变性,具备灵敏的火灾探测能力及可靠的报警功能;第二,系统运行稳定,能够准确传输信息数据,具备一定抗干扰能力;第三,系统灵活,便于操作和维护管理;第四,信息处理能力过硬,能够高效地判断火灾信息。

二、火灾自动报警系统

(一)火灾自动报警系统的分类

对应不同的建筑,火灾自动报警系统的功能配置千差万别,按照其应用范围可分为三类:集中报警系统、区域报警系统和控制中心报警系统。下面对其适用范围和功能特点进行简单介绍。

1. 区域报警系统

区域报警系统适用于二级保护对象,例如,金融建筑的办公室、营业厅、图书馆、档案馆等。该系统由火灾探测器、区域火灾报警控制器和火灾报警控制器等组成,系统中的控制器不能超过两台,应设置在有人员值班的场所,属于功能比较简单的火灾自动报警系统。

2. 集中报警系统

集中报警系统由集中火灾控制器、区域火灾报警控制器(或区域显示器)以及火灾探测器等构成,其中集中火灾报警控制器能够显示火灾报警部位的信号并能控制信号,属于功能比较复杂的火灾自动报警系统,一般设置在消防控制室内,需要人员进行看守。该系统适用于一级保护对象和二级保护对象,如影剧院的舞台、布景道具房、高级旅馆的客房和公共活动用房等。

3.控制中心报警系统

控制中心报警系统适用于特级保护对象和一级保护对象,如医院病房楼的病房、贵重医疗设备室和超高层建筑。控制中心报警系统包括集中报警控制器、区域火灾报警控制器(或火灾报警控制器)、消防控制室的消防控制设备、火灾探测器和区域显示器等。

(二)火灾自动报警系统的形式选择

计算机信息技术和电子元件技术发展迅速,其对应的软硬件在现代消防技术中得到了大量应用,火灾自动报警系统的形式呈现出多样性和灵活性,很难再用几种既定的模型对其进行准确划分。

信息化系统是现代火灾自动报警系统发展的必然趋势,其组合形式和结构更加灵活,适用性也更强。区域报警系统、集中报警系统和控制中心报警系统这三种形式的边界不再明显,工程师可以根据自己的设计意图随意进行组合,以达到更高效的结果。不过,上文介绍的三种基本形式仍然适用于当下消防设计工作。

三、消防联动系统

(一)消防联动系统工作原理

火灾发生的信息一旦被接收并确认后,联动控制器就会向相关消防联动设备发出控制信号。可以说,火灾确认之后的一个主要处理单元就是联动控制器。也正是因为消防联动台,对其他系统的监视和控制才能得以实现。

一般情况下,会在消防控制中心设置总线联动控制盘和灭火控制盘,这样做的目的主要包括:第一,对一些重要位置,比如配电室、网络中心进行逻辑自动联动控制;第二,可以采取手动控制操作;第三,使设备的实时状态可以很好地反映在控制盘上。

无论被控制的消防设备是处在自动控制模式还是手动控制模式,应都能实现消防联动控制设备的自动控制功能。消防联动控制系统主要设备有联动控制器、消防电话、消防广播、主机和外控电源等。

(二)消防联动控制系统的形式

1.区域集中报警、横向联动控制系统

这一消防联动控制系统在每一层楼都会设有一个复合区域的报警控制器,

除了具有自动报警的功能以外,还可以在第一时间接收到火灾报警信号。

2.区域集中报警、纵向联动控制系统

这一消防联动控制系统一般用于标准的高层建筑物当中,整个建筑物中仅需设置一个消防控制中心即可,报警划分具有很强的规则性,同时,服务人员的分配也比较严谨。

3.大区域报警、纵向联动控制系统

这一消防联动控制系统与前两个系统不同,如果应用到并不标准的楼层,服务人员以及报警器并不需要在每层都设置,但是它会在消防中心设置大区域报警器,并且需要有专门的值班人员 24 小时进行看管。

4.区域集中报警、分散控制系统

这一消防联动控制系统通常会应用在一些中小型建筑以及房间空间比较大的地方。它的特点就是会在每个联动设备现场安装控制盒,这样做的目的就是更加方便地对设备进行控制,同时可以向消防中心反馈设备信息。在这一系统中,任何消防中心的值班人员都可以对联合设备进行手动操控,这一点也是其他系统不具备的。

(三)消防联动系统的线缆敷设

消防设备电气配线防火安全的关键是要对线缆敷设情况分别进行设计。因此,针对不同消防联动设备分别介绍线缆敷设要点:第一,消火栓泵、喷淋泵、水喷雾泵等配电线路的敷设一般选用穿管暗敷;第二,防排烟装置配电线路敷设时明敷与暗敷不同,明敷采用耐火型交联低压电缆,暗敷时采用一般耐火电缆;第三,如果防火卷帘门的水平配电线路比较长,则一般会在吊顶内利用耐火电缆桥架明敷;第四,如果消防设备配电线路是以延燃电缆作为绝缘层和护套,并且是敷设在同一电缆竖井内,就需要用金属管进行保护,再根据规范的要求敷设;第五,消防电梯的配电线路在一般情况下采用耐火电缆;第六,火灾事故广播、电话、警铃等一些消防联动设备的配电线路,通常会使用穿有保护管的阻燃型线缆,并采用单独暗敷的方式敷设;第七,需要特别注意的是,当采用明敷线路时,一般穿金属管或金属线槽保护,并根据线路做耐火处理。

(四)消防联动控制设备的设置

火灾自动报警系统的主要执行部件就是消防联动控制设备。消防联动控制设备设置的作用就是在火灾发生时可以及时地启动相关设备,在智能建筑当中,消防联动控制设备主要包括:第一,火灾发生时起到直接灭火作用的消防水泵和喷淋水泵;第二,火灾发生时用于排放烟气、阻挡火势蔓延的放风阀、送风阀、排烟阀、空调机以及防排烟风机等;第三,火灾发生时用于隔离火源,阻止火势进一步蔓延的防火门和防火卷帘;第四,火灾发生时为消防人员灭火提供方便,帮助火灾现场人员迅速疏散的消防电梯运行控制系统;第五,火灾发生时,用于关闭非消防电源,打开火灾应急照明的控制设备;第六,在火灾发生时起到灭火作用的管网气体灭火系统、泡沫灭火系统以及干粉灭火系统等;第七,火灾发生时用于通知人员疏散、指挥灭火的火灾报警装置、应急广播、消防专用电话等;第八,火灾发生后保障疏散通道畅通的消防疏散通道控制。

(五)消防控制室设计

为了更好地实现信息共享和集中管理,室内消防设备应该独立设置,并且相互之间不能产生任何干扰,此外还应具备以下功能:第一,可以对任何一个监控点进行访问;第二,具有报警以及对报警信息进行处理的功能;第三,可以对一切设备的运行情况进行监控;第四,安全设定的程序完成联动控制功能;第五,对所有的报警事件进行深入分析并做好处理记录;第六,可以对火警建筑物的图形以及火灾现场的图像进行显示;第七,具有保安巡更功能;第八,能够建立和完善设备运行档案;第九,具备制订检修计划的功能。

四、火灾报警与消防联动系统的应用

通常情况下,火灾报警与消防联动系统的供电方式往往是采用双回路供电,同时,为了使供电更加稳定和可靠,该系统的电源可以直接与消防控制室当中的双电源切换箱相连,并且,还会额外准备发电机或者备用电池。

当火灾发生时,控制室会第一时间获取火灾现场的具体情况,同时将火灾区域的排烟阀打开,在经过一系列的连锁反应后,打开相对应的排烟机。排烟机的吸入口处一般都会设有防火阀,随着火势的增强,烟雾的温度就会逐渐升高,当达到一定温度时,防火阀就会熔断关闭,排烟机的自动连锁就会停止。

消火栓泵、淋喷泵和水喷雾泵的启动方式主要包括三种:第一,通过总线制联动模块来进行控制;第二,按动消火栓箱内的启泵按钮;第三,通过消防控制室联动控制台的多线制控制线手动控制来进行启动。

发生火灾之后,火灾联动系统会将火灾区域非消防设备的电源全部切断,与此同时,会将相关区域的应急照明系统打开,方便火灾现场人员紧急疏散。

消防控制室中通常都会设有应急广播系统,在火灾发生的第一时间可以通过广播通知火灾发生区域及其周边的人员及时、有序地撤离到安全位置。同时,消防控制室中的工作人员还会利用应急电话与各个相关机房进行直接通话,共

同对当前发生的险情进行分析和处理。

　　除此以外,消防控制室还会根据火灾发生的区域,指挥控制电梯的主机,使电梯可以根据消防控制室发出的消防程序来运行,除消防紧急电梯运行以外,其他电梯全部停于底层,电梯的电源也会被切断。

　　总体而言,信息化建筑火灾自动报警与消防联动控制系统是非常复杂的,在设置过程当中会涉及很多方面的问题。就目前来看,火灾自动报警系统中的报警线、联动线、通信线都是自成体系的。但是随着信息化建筑的迅速发展,火灾自动报警系统也越来越成熟,这也就意味着信息化建筑与火灾自动报警系统在应用上会更加密切,它们在设计、施工以及运行方面也会逐渐通过最佳的方式结合在一起。

第四章 综合布线研究

第一节 综合布线系统

一、综合布线系统的发展过程

如今,最被人熟知的就是遵循结构化布线系统(Structured Cabling System, SCS)标准来实施商用建筑布线的布线工程,它是仅限于电话和计算机网络的布线,其产生和出现都源于电信技术的发展。人们开始逐渐需要建立起一整套完善的布线系统,来应对建筑物中数据线缆和电话线日益增多的情况,并且还要对数以万计的线缆进行集中管理和端接。建筑与建筑群综合布线系统(Premises Distribution System,PDS)是结构化布线系统的代表产品,我们通常所说的综合布线系统就是指结构化布线系统。

楼宇自动化系统是发展综合布线系统的重点。在 20 世纪 50 年代初期,很多发达国家就已经采用了电子器件组成的控制系统并将其运用在高层建筑之中,如信号灯、各种仪表和各操作按键等,将分散各处的机电设备与对应电路相连,对其运行情况进行集中监控,以及可以同时实现自动或手动控制各机电系统。当时很多控制点数目受到了限制,都是因为电子器件太多、线路又长又多。但后来建筑物功能逐步复杂起来,微电子技术也渐渐兴起,因此在 20 世纪 60 年代末,数字式自动化系统出现了。到了 70 年代,数字自动化系统迅猛发展,显示、控制或管理都可以采用专门的计算机系统进行操作。而到了 80 年代中期,随着信息技术和超大规模集成电路技术的发展,建筑智能化横空出世。

第一座智能建筑是在美国出现的,这让人们明显地感受到了传统布线的不足,如有线电视线缆、电话线缆和计算机网络线缆等,其从设计到包装都是经过不同厂商完成的,每个系统都各自独立,且使用了不同的线缆与终端插座。由于各个系统的设备,如配线架、终端插头和插座等没办法兼容使用,因此,设备一旦因为技术发展需要更换或者需要移动的时候,就要再一次重新布线。这样,既增加了资金的投入,也使得建筑物内的线缆杂乱无章,增加了管理和维护的难度。经济国际化与全球社会信息化在逐渐深入地发展,信息共享这一需求对于我们来说也开始重要起来,这时候就显现出一个能够与信息时代相适应的布线方案有多么重要。

美国的电话电报公司——贝尔实验室的专家们经过多年的研究,于 20 世纪80 年代末,在美国率先推出了结构化布线系统,其代表产品是 SYSTIMAX Premises Distribution System(SYSTIMAX PDS)。在我国国家标准《建筑与建筑群综合布线系统工程设计规范》(GB/T 50311—2000)中,该系统被命名为综合布线系统(Genertc Cabling System,GCS)。近年来,因为我国的综合国力日益增强和经济快速发展,越来越多的高层建筑、现代化公共建筑开始频繁在大众视野里出现,特别是智能建筑已经成为信息社会的象征之一,在用户关注度上也一直呈上升趋势。

综合布线系统在我国的现代化建筑工程中,已经是一项热门课题,同时,也是作为重要内容在通信工程技术、施工和建筑工程中存在的。

二、综合布线与传统布线的比较

综合布线是在传统布线的基础上发展起来的一种新技术,与传统布线相比,其优越性主要体现在兼容性、开放性、灵活性、可靠性、先进性和经济性等方面。综合布线系统是目前国内外公认的技术先进、服务质量优良的布线系统,正被广泛地推广使用。

(一)兼容性

综合布线的首要特点是它的兼容性,即可以在多种应用系统中同时使用。相较于传统布线,在一个建筑群或一栋大楼中进行数据线路布线时,通常会使用不同厂家和型号的配线插座、电缆线和接头等。例如,程控交换系统通常采用 4芯双绞线,计算机网络系统通常采用 8 芯双绞线。这些设备不同,使用的配线材料也不同,那么与这些不同配线相连接的插座、接头和端子板等也都互不相容,因此在想要改变电话机或终端机位置时,就要重新敷设线缆,再安装新的接头和插座。

但综合布线的数据、语音和监控设备的信号线是统一进行规划和设计的,并使用了同样的信息插座、适配器、传输介质和交连设备等,在标准的一套布线中将不同的信号汇集到一起。用户在使用时可以不需要去定义信息插座在各工作区的具体应用,只需将个人视频设备和计算机电话等终端设备插进信息插座,将设备间、管理间的设备相连接,再进行接线的操作,这样一来,各自的系统中就都接入了终端设备。由此可见,综合布线比传统布线的兼容性要更强大。

(二)开放性

传统的布线方式,只需要选定一种设备,就等于也将传输介质和布线方式选择了进去,等到更换设备的时候,再把原先的布线进行更换。但这就代表了,对一个已完工的建筑物来说,一旦发生变化,在更换时不仅非常困难,还会增加更多的投资。而综合布线符合多种国际上的现行标准,多采用开放式的体系结构,所以,它开放地面向几乎所有的著名厂商,同时还支持所有的通信协议。

(三)灵活性

传统的布线方式是封闭的,其体系结构是固定的,因此,想要增加和迁移设备是难以完成的。但综合布线系统中的所有信息系统采用了一样的物理星型拓扑结构和传输介质等,通用于全部信息通道,其中的每一条通道都可支持传真、电话和多用户终端。所有设备的开通及更改均不需要改变布线,它们只需要在所有应用设备上进行相应的增加和减少,以及在配线架进行跳线管理就完成了。同时,组网方式也是多种多样的,且在一个房间内,用户终端、令牌环网工作站和以太网工作站是可以同时存在的,为用户组织信息流提供了必要条件。

(四)可靠性

传统布线方式的各类应用系统都是不兼容的,于是建筑物的存在应该是具备很多类型的布线方案的,这一过程也进一步表明了被选中的布线和建筑系统的可靠性之间有密不可分的关系,一旦系统布线出现问题就会出现交叉干扰。

综合布线则采用了组合压接和高品质的材料,从而其形成的信息传输通道也具有高标准的特点。它的连接件及相关线缆都通过了 ISO(国际标准化组织)的认证,每条通道在测试链路的阻抗和衰减时都使用了专门的仪器,用来确保电气性能的可靠性。为了保证一条链路出现故障不会对其他链路造成影响,其应用系统在布线时全都采用了点到点端接的方法,其目的是方便以后对链路进行故障检修和运行维护,使应用系统能够正常运行。

(五)先进性

综合布线系统的布线方式,通常采用光纤与双绞线相结合和星型结构进行物理布线,由此构成了一套非常完整、合理的布线系统,标准化部件和高质量的材料被运用在这个系统中,并在安装施工过程中经过了严格的检查和测试,从而保证整个系统在技术性能上优良可靠且完全可以满足目前和今后的通信需求。

(六)经济性

分散的专业布线系统,被综合布线系统整合到了标准化的信息网络系统之中,减少了布线系统的线缆品种和设备数量,简化了信息网络结构,并可在日常维护中进行统一管理,使其工作量逐渐减少,还使维护和管理的费用得到充分节约。所以,虽然综合布线系统初次投资时的投入较大,但是综合来看是非常符合要求的,做到了技术上的经济合理。

三、综合布线的技术标准

综合布线系统是个复杂的系统,包括各种线缆、插接件、转接设备等多种设备,还包括多项技术实现手段。提供综合布线系统设备的厂家很多,各家产品特点不同,设计思想与理念也不同。要想使各家产品互相兼容,使综合布线系统更具有开放性,集成度更高,更便于使用和管理,就必须制定出一系列的标准或规范。目前,有关综合布线系统的多种国际、国家及行业标准已经出台。

(一)国际标准

美国国家标准协会(ANSD)、电信工业协会(TIA)、电子工业协会(EIA)于1991年制定了 TIA/EIA568,即"民用建筑线缆标准"。经过改进,于1995年10月正式修订为 ANSI/TIA/EIA568-A,即"商业建筑物电信综合布线标准"。此后,随着通信应用领域的技术进步,该标准经过不断演变和修改,于2002年6月,出台了 TIA/EIA568-B 标准,2008年10月又出台了最新的 TIA/EIA568-C 系列标准,并逐步替代 TIA/EIA568-B 标准。

1988年起,国际标准化组织国际电工技术委员会(SOEC)在美国国家标准会议上,修改了其制定的有关综合布线标准基础,并于1995年7月正式公布了《信息技术——用户建筑物综合布线》[ISO/IEC 11801:1995(E)],这作为国际标准而被各个国家使用。

英国、法国、德国等国于1995年7月联合制定了 EN50173 标准供欧洲一些国家使用。各国制定的标准有所侧重,美国标准没有提及电磁干扰方面的内容,国际布线标准提及一部分但不全面,而欧洲的标准更加强调电磁的兼容性,并提倡可以利用线缆屏蔽层,在高带宽传输的条件下,使线缆内部的双绞线具备更强的防辐射能力和抗干扰能力。因此,美国标准要求使用非屏蔽双绞线及相关连接器件,而欧洲标准则要求使用屏蔽双绞线及相关连接器件。

(二)国内标准

2000 年和 2001 年,我国也参照 ANSI/TIA/EIA 当时的现行标准和修订中的草案,先后制定和颁布了关于建筑物综合布线系统的相关国家标准,具体有以下几个标准:

《中华人民共和国智能建筑设计标准》(GB 50314—2015);

《中华人民共和国建筑与建筑群综合布线系统工程设计规范》(GB/T 50311—2000);

《中华人民共和国建筑与建筑群综合布线系统工程验收规范》(GB/T 50312—2000);

《大楼通信综合布线系统 第 1 部分:总规范》(YD/T 926.1—2009);

《大楼通信综合布线系统 第 2 部分:电缆、光缆技术要求》(YD/T 926.2—2009);

《大楼通信综合布线系统 第 3 部分:连接硬件和接插款线技术要求》(YD/T 926.3—2001)。

2007 年 10 月,我国正式颁布了《综合布线系统工程设计规范》(GB 50311—2007)和《综合布线系统工程验收规范》(GB 50312—2007)国家标准。这两个标准结合了中国的具体情况,以及国际上的有关标准和其他国家的标准、技术发展动态等,具有非常大的现实指导意义,颇具继承性和超前意识。它标志着我国综合布线标准又跨上了一个新的台阶,使得综合布线行业的产品、设计、施工和验收更为规范。

2008 年起,为了加快满足综合布线技术的市场需求和快速发展,中国工程建设标准化协会、信息通信专业委员会综合布线组相继又发表了以下几种技术白皮书:

• 2008 年 10 月,发布了《光纤配线系统设计与施工技术白皮书》;

• 2009 年 6 月,发布了《屏蔽布线系统设计与施工检测技术白皮书》;

• 2009 年 6 月,发布了《综合布线系统管理与运行维护技术白皮书》;

• 2010 年 10 月,发布了《数据中心布线系统工程应用技术白皮书(第二版)》。

第二节 综合布线系统施工技术

一、综合布线系统工程施工的基本要求

(一)安装施工的基本要求

安装施工的基本要求有以下几点。

第一,综合布线系统必须按照《综合布线系统工程验收规范》(GB 50312—2016)中的有关规定进行安装施工。

第二,如遇到规范中未包括的内容,可按《综合布线系统工程设计规范》(GB 50311—2016)中的规定执行。

第三,综合布线的主干布线子系统的施工与本地电话网及宽带接入技术相关,因此,要遵循《本地电话网用户线路工程设计规范》(YD 5006—2003)(该标准正在修订中,标准名称改为《住宅小区和商住大楼通信管线与通信设施工程设计规范》)等标准的规定。

第四,工程中的线缆类型和性能、布线部件的规格及质量应符合《大楼通信综合布线系统 第1、2、3部分》(YD/T 926.1～3—2009)等规范或设计文件的规定。

第五,布线工程既不能影响房屋建筑结构的强度也不能影响内部装修美观要求,既不能降低其他系统功能也不能妨碍用户通道通畅。

第六,施工现场要有技术人员监督和指导。

第七,对布设完毕的线路,必须进行检查。

第八,要布设一些备用线。

第九,高低压线必须分开布设。

第十,施工不损坏其他地上、地下管线或结构物。

(二)安装施工过程中的注意事项

在安装施工过程中,工作人员要特别对以下几点引起重视。

第一,施工现场的管理人员要及时协调并处理在施工进程中可能出现的情况,态度认真负责,对各方的意见也要积极采纳。

第二,工程单位要及时收集在现场施工中遇到的情况,在现场的工作人员也要给工程单位上交解决办法,立即研究并解决,防止工程进度受到影响。

第三,工程单位如果有计划不当的问题,要及时提出来并合理解决。

第四,对部分工段和场地的验收和检查应采取阶段性的方式,保证工程的质量。

第五,工程单位中,新增加的点要在施工图中进行反映。

第六,工程进度表的制定。

制定工程进度表要留有余地,要考虑其他工程施工会给本工程带来什么样的影响,以免出现按时完工、交工的问题出现。因此,建议使用管理指派任务表、工程施工进度表,如表4-2-1和表4-2-2所示。管理人员对工程的监督管理则依据这两个表进行。

表4-2-1 管理指派任务表

施工名称	施工质量	施工人员	完工日期	是否返工处理	测试结果

注:此表一式三份,施工组、测试组、项目负责人或领导各执一份。

表4-2-2 工程施工进度表

工作区	楼层	序号	联系人	电话	日期	备注

(三)安装施工结束时的注意事项

1. 工程施工结束时的注意事项

(1)对墙洞和竖井等交接处进行修补工作。

(2)打扫现场,保持现场美观环境。

(3)将剩余材料汇集到一起,进行集中放置,登记还可使用数量。

（4）做总结。

2.总结材料的主要内容

（1）开工报告。

（2）施工过程报告。

（3）布线的工程图。

（4）使用报告。

（5）测试报告。

（6）工程验收报告。

二、综合布线系统工程的施工准备

（一）技术准备

1.熟悉综合布线系统工程

收集、学习和审定施工所用的规范标准和施工图集,对综合布线的各个子系统的施工技术以及整个工程中的施工组织技术都要有所把握。

2.熟悉和会审施工图纸

工程人员施工的依据就是施工图纸,所以在图纸的会审之前,工程人员要熟悉图纸的内容和要求,并仔细阅读,了解图纸设计人员的主要思想,把疑点和问题整理出来,待技术交底时一并解决。只有对图纸有了充分的了解,才能确定工程中需要哪些材料、设备,才能进一步明确施工要求,并与土建等其他安装工程交叉配合,保证不会和其他安装工程产生冲突,也不会在施工过程中对其建筑物外观有所损害。

3.技术交底工作

技术交底工作包含设计交底及技术交底,主要由工程安装承包单位的项目技术人员和设计单位设计人员一起进行。其工作的主要内容包含以下几项:

（1）设计和施工组织设计的相关要求;

（2）工程的施工方法、条件和顺序;

（3）工程在用材料及设备性能方面的参数;

（4）施工中有关安全的注意事项;

（5）施工中使用的新设备、技术,以及新材料的操作方法及性能;

（6）工程的质量标准及验收时的评定标准;

（7）技术交底方式包括会议交底、书面技术交底和施工组织设计交底等。技术交底文件编写和交底记录要形成文件,装入竣工技术档案中。

4.编制施工方案

当施工图纸被充分全面地熟悉之后,要依据图纸并且按照施工现场的具体技术准备情况、技术力量等做出合理的施工方案。

5.编制工程预算

工程预算主要包含施工预算和工程材料清单。

(二)人力资源准备

1.组织机构设置

组织机构的设置,是为了产生组织功能,实现工程项目管理的总目标。为了确保智能化设备供货、安装工程质量优良及进度满足要求,工程项目的管理人员应具备丰富的实践经验和工程设计经验,在工程项目管理经验方面精明能干,并且对工程项目的设计、管理、施工和协调等能全面负责。工程组织机构如图4-2-1所示。

图4-2-1　工程组织机构图

2.职责分工

综合布线施工的职责分工如下。

第一,项目经理。项目经理要具备非常良好的个人综合素质,有着丰富的实践技术经验及大型工程项目管理的经验。项目经理的职责是为本项目的实施方案进行组织,并且要协调、管理和实施好现场的工作,特别是要负责工程的质量、安全、风险、经费和进度。

第二,技术主管。技术主管要具备大型工程项目的设计实施经验,掌握全面的技能技术知识,在设计文件编制与审核,以及组织弱电工程的技术方案方面要起到领导作用。技术主管的职责是辅助项目经理在工程技术与管理上负责任,并指导分系统的各负责人开展技术相关工作。

第三,财务主管。财务主管的职责主要包括:能按照工程的实际发生情况,对财务预算进行详细的设计与编制;能够科学合理地筹集、使用和调配资金;能按照工程的财务预算及其执行情况及时做出预警;能对发生的各项经济业务准确地进行计量和报告,以便分析财务状况。

第四,施工主管。施工主管应具备大型项目的管理实施经验,能够在项目经理身边协助其组织、协调和管理现场工作。施工主管主要负责项目的施工工作,负责弱电工程项目部在现场的行政工作及日常事务。

第五,施工组。施工组中均要设置一名施工队长,整组主要负责完成各主管安排的各项任务。

第六,质量安全主管。质量安全主管的职责主要包括:要对各分系统的工程、技术和产品特点负责,还要对工程的质量管理及相关技术执行与验收标准有所熟悉;能够对相关工程的技术人员进行合理协调,检验与验收子系统中安装调试的工程设备,以及负责施工现场的质量管理、现场的安全管理工作,加强"安全第一、预防为主"的观点;还要能够及时对施工现场的安全进行检查与管理,发现其存在的隐患并解决,保证工程的顺利进行。

(三)施工前的工具准备

在综合布线系统工程中所使用的施工工具是进行安装施工的必要条件,随施工环境和安装工序的不同,有不同类型和品种的工具。在施工开始之前,就应该根据工程的情况,准备好工程施工中必需的工具,这些施工工具主要用来布放、剪裁、终端加工、测试等,按照施工的对象来区分,有管槽安装工具、线缆安装工具、线缆的端接工具和验收测试工具等。

1.管槽安装工具

综合布线系统施工过程中,网络工程师、项目经理和布线工程师往往不去重视管槽系统的安装,而更加去注重线缆系统的安装,他们会认为这种所谓的重活、粗活的技术含量很低。在工程施工中,系统的集成商经常会在管槽的系统设计无误后,交给其他施工队安装管槽系统,这样很容易造成工程质量的隐患。综合布线中的管槽系统是对线缆起保护作用的,整个布线工程最后的完成质量也和管槽系统的质量密切相关,并且很多问题的出现都是由管槽系统的安装不当造成的。

在综合布线系统工程的验收中,占相当大比重的就是检验管槽系统的安装质量。想要提高其质量,就要先了解清楚安装施工的工具有哪些,并且还要学会使用。管槽系统的施工工具多种多样,下面介绍常用的设备和电动工具。

(1)电工工具箱。布线施工中,经常会使用到的就是电工工具箱,里边一般包含了尖嘴钳、钢丝钳、斜口钳、一字螺丝刀、电工刀、测电笔、电工胶带、卷尺、铁锤、活扳手和工作手套等。此外,工具箱中还应该备用一些木螺钉、水泥钉和金属膨胀栓等小材料。

(2)电源线盘。在室外的施工现场中,因为施工的范围广,电源不能随处获取,这种情况下,就要用到长距离的电源接盘来接电了,其可以选择的线盘长度有 20 m、30 m 和 50 m 等型号。

(3)线槽剪。线槽剪是 PVC 线槽专用剪,剪出的端口整齐美观。

(4)台虎钳。台虎钳是常用的夹持工具之一,适用于中小工件的锯割、凿削和锉削。在顺时针进行手柄摇动时,工件就会被钳口夹紧,反之当逆时针将手柄摇动时,工件就会脱离钳口。

(5)梯子。安装管槽和进行布线拉线工序时,常常需要登高作业,这时需要使用梯子。经常被人们用到的梯子有人字梯和直梯两种。人字梯经常在室内使用,如布线拉线和安装管槽都会用到人字梯;直梯则多用于户外的登高作业,如在墙上和电杆上安装室外的光缆。这两种梯子在使用之前要在梯脚处绑上橡皮之类的防滑材料,人字梯还要在两页之间拴好安全绳,避免其自动划开。

(6)管子台虎钳。管子台虎钳也被称为龙门钳,是一种适用于管型材料的夹持工具,如对钢管和 PVC 塑料管进行切割。它的钳座被固定在了三脚铁板的工作台上。将钳口扳开,龙门架向右拧,即可在钳口上放入管子,接着再扶正龙门架,锁扣就会自动地落下且扣牢。将手柄旋转,可以牢牢地将管子夹住。

(7)管子切割器。在施工中必不可少的就是钢管布线,因此要对钢管和电线管进行大量切割。其切割的工具就是管子切割器,还可以称之为管子割刀。管子切割器可分为轻便型钢管切割器和塑料管切割器等。

(8)管子钳。管子钳即管钳,可以用来安装钢管布线,还可在电线管上进行装卸工作,如将管箍、锁紧螺母和管子活接头等安装或拆卸下来。我们所熟悉的管子钳规格有 200 mm、250 mm 及 350 mm 等。

(9)简易弯管器。弯管器一般用于直径 25 mm 以下的管子弯管。

(10)螺纹铰板。螺纹铰板简称为"铰板",还被称为管螺纹铰板,常见型号有

GJB-60、WGJB-114W等。它是一个手动工具,用来铰制钢管的外螺纹,也是重要的管道工具之一。

(11)扳曲器。用扳曲器可将直径小于25 mm的厚壁钢管或大于25 mm电线管做成弯管,且可以自制。

(12)充电起子。在工程安装中,我们经常会使用的一种电动工具就是充电起子。它自带充电电池,不需要电线,所以在任何场地都可以使用,既可以当电钻使用,也可以当螺丝刀。它的操作相对来说是灵活的,可以单手进行操作,其按钮可以正反转进行快速变换,且配合着通用的六角工具头,有强大扭力存在,对螺钉和钻洞等的锁入和拆卸非常方便。

(13)电锤。电锤适合在砖石砌体、岩石和混凝土等脆性材料上进行钻孔和开槽等作业,其动力是单相串激电动机。它钻孔的速度是非常快的,成孔的精确度也极高。从功能上看,它与冲击电钻之间有着很多相似的地方,但在外形和结构上存在很大的差别。

(14)电镐。电镐采用了精确的重型电锤机械结构,铲凿混凝土能力很强,功率、冲击力和震动力比电锤都要大,其减震的控制功能也使工作更加安全,其施工适合在多种材料条件下进行。

(15)手电钻。手电钻钻孔经常用在各种材质的材料,如木材、金属型材和塑料上,有时也用于布线系统的安装。手电钻由电源开关、电动机、钻孔头和电缆等组成,在开启钻头锁时可以用钻头钥匙,将钻夹头拧紧或扩开,将钻头紧固或让其松出。

(16)冲击电钻。冲击电钻即冲击钻,有着旋转冲击的特殊用途,是一种手提式的电动工具。可以在各类型建筑材料(砖墙、混凝土、瓷面砖)上打洞和钻孔,只要将"锤钻调节开关"拨到标记锤的位置即可,并将电锤的钻头安装在电钻钻头上,就有了既旋转又冲击的动作产生;而要在金属等韧性材料上钻孔时,直接将其开关拨到标有钻的位置,就可以有纯转动产生,接着再装上普通的麻花钻头,便可在所需的部位钻孔。冲击电钻是安全可以信赖的,其做到了双重绝缘,它是由冲击头、开关、电源线、插头、电动机减速箱、辅助手柄和钻头夹等组成的。

(17)射钉器。射钉器也被称为射钉枪。其发射钉弹利用了射钉器,燃烧弹内火药并释放推动力,将专用的射钉钉入混凝土、钢板、岩石基体和砖墙之中,以便在需要固定塑料和钢板卡子、钢制或塑制的挂历墙机柜、布线箱等时,对准基体和被固件,在射钉器内装入射钉和射钉弹,解除保险并扣动扳机,使钉子穿过固体到达基体,实现固定目的。

(18)曲线锯。其在现场施工中主要是用在特殊的曲线切口和锯割直线上,能将木材、金属和PVC等材料进行锯割。曲线锯的特点在于它小巧、重量轻，可以减少疲劳，方便在较拥挤的空间操作；它还是可调速的，启动从低速开始，以便进行切割控制，其防震的手柄也利于把持。

（19）角磨机。在金属管和金属槽被切割后，通常会留下锯齿形毛边，这样很容易将线缆的外套刺穿，因此要使用角磨机，可以磨平切割口，保护线缆。角磨机也可当切割机使用。

（20）型材切割机。安装布线管槽时通常会需要对割断的管材和角铁横担等进行加工。型材切割机切割的速度和省力效果是钢锯所比不上的。它的组成部分有护罩、电动机、操纵手柄、砂轮锯片、工件夹、工件夹调节手轮、底座及胶轮等。电动机通常使用的是三相交流电动机。

（21）台钻。等到桥梁等材料都被切割完毕之后，可以使用台钻将新孔钻开，连接安装其他桥架。

2.线缆安装工具

（1）穿线器。施工人员经常采用钢丝牵拉的方法用线缆穿管布放。普通钢丝的操作非常困难，它并不是为了布线牵引而设计的，因此会导致施工效率大大降低，施工的质量也会受到影响。在国外，"穿线器"的使用已经在布线工程中极为普遍，其作为数据或动力线缆的布放工具而存在。

专业牵引线材料的强度非常高，柔韧性也相当优异，非常利于在钢管或PVC管中穿行，因其表面为低摩擦因数涂层，提高了线缆布放的作业效率及质量。综合布线的设计和验收规范规定，直线布管的拉线盒装置应每30 m就设置一次，且拉线盒装置要在有弯头的管段长度超过20 m时就进行设置，当有2个弯时应不少于15 m设置一次，所以牵引线长度为30.5 m最合适。管路布线时要时刻关注管径的利用率，便于确保布线的电气性能和实际操作，光缆、扁平线材缆、大对数主干电缆和屏蔽电缆的弯曲管道利用率为40%～50%，直管则为50%～60%。

（2）线轴支架。光缆和大对数电缆通常都是在线缆卷轴上进行包装的，应在顶部放线，且一定要将线缆卷轴架设在线轴支架上。

（3）滑车。为保护线缆，在线缆卷轴从上到下垂放线缆时需要一个滑车，保证线缆从线缆卷轴拉出之后通过滑车向下放线。滑车呈朝天钩状被安置在垂井上方，而垂井井口则安装一个三联井口滑车。

（4）润滑剂。通信线缆有着特殊的结构，因此，在布放的过程中，线缆所承受的拉力不能超过其承受张力的80%。通常，线缆的最大允许值是有限的，必要时，要采用润滑剂。

（5）牵引机。当大楼准备由下往上敷设主干布线时，就需要使用到牵引机，将线缆向上牵引。牵引机可分为两种,一种是手摇式牵引机,另一种是电动牵引机。手摇式牵引机用在楼层低且线缆数量少时;电动牵引机则用在大楼的层数较高且线缆的数量多时。

(6)扎带机。要确保工程中绑扎力一致,且提高施工效率,就得依靠适当的工具。在线缆布放后,应该每 1.5 m 就进行绑扎固定一次。但也要注意不能绑扎太紧,因为是双绞线,不应使线缆产生应力。

3.线缆的端接工具

(1)双绞线剪线钳。线缆布放以后就可以对其进行剪切了,在剪切时要特别注意冗余,设备间和交接间的长度应为 0.3～0.6 m,而其电缆长度则应为 3～6 m。剪切的工具最好能够重复使用,还不应使操作的人感觉疲劳,符合人体工程的设计要求,同时兼顾工具的安全性和牢固性。手柄应当便于操作者施加压力且容易握持,锯齿形的刃口可避免线缆护套打滑。

(2)双绞线剥线钳。工程技术人员通常在剥除双绞线外套时使用压线工具上的刀片,切割的深度也都按照技术人员的经验进行,这样就会存在隐患,稍微有疏忽,在切割时就会伤害到导线的绝缘层。双绞线的线径是有差别的,表面也不规则,因此去除双绞线外套还是用剥线钳更为安全。剥线钳的刀片是可以调节的,而且还可以利用它的弹簧张力,保证切割深度在合理的范围之内,并且不会伤害导线的绝缘层。剥线钳类型多种多样,双绞线剥线钳是其中的一种。

(3)打线工具。打线工具是用来给信息模块和配线架接上双绞线的,信息模块的配线架与双绞线连接处采用了绝缘置换连接器,数控刀片是具有 V 形豁口的小刀片,一旦把导线从豁口压入,刀片就会顺势将导线的绝缘层割开,接触到其中的导体。打线工具的组成是刀具和手柄,由两端构成,其中一端有裁线和打接功能,能够将多余的线头剪掉,而另一端则不具备裁线的功能,其中一面会有CUT 字样,是为了方便使用者在安装时能正确识别打线的方向。

(4)手掌保护器。在信息模块进行打线时最常见的就是手被划伤,因此可以通过设计打线保护装置来解决这一问题。那就是让保护装置将信息模块套上,再去压接信息模块,这样既可以在信息模块中卡入双绞线,又可以使手不受到伤害。

(5)光纤接续子。光纤接续子是用来应急恢复的,多用在光缆、尾纤接续、室内外永久或临时接续,以及不同类型的光缆转接方面。光纤接续子的类型多种多样,作为一种方便使用且不复杂的接续工具,可以接续单模或多模的光纤。

(6)光纤切割工具。光纤切割工具多用于切割单模和多模的光纤,其中包含了光纤切割笔。光纤切割工具用于光纤精密切割,光纤切割笔用于光纤的简易切割。

4.验收测试工具

布线系统的现场测试一般分为两部分,分别是验证测试和认证测试。

验证测试是对安装后的双绞线的通断、长度以及接头是否正确进行的测试;认证测试除了验证测试的内容外,还包括对线缆电气性能的测试。因此,布线测试仪的类型也分为两种,即验证测试仪与认证测试仪。验证测试仪通常是被用在施工中的,边施工边进行测试,确保连接之间的准确性。以下介绍几种典型的验证测试仪表。

第一,最简单的电缆通断测试仪是指简易布线通断测试仪,由主机与远端机构成。在进行测试的过程中,主机与远端机分别连接着线缆的两端,连接后就能对双绞线8芯线的通断情况进行判断,但其并不能将故障点的位置定位出来。

第二,电缆线序检测仪是一个小型的手持式验证测试仪,能够很方便地将双绞线电缆的连通性验证出来,检测中包含了短路、开路、反接、跨接和串扰等问题。测试时只需要将测试键按下,线序检测仪就可以自动对所有线进行扫描,发现其中哪些线缆存在问题。当与音频探头配合使用时,内置的音频发生器追踪的电缆可以穿过地板、墙壁和天花板。

第三,电缆验证仪的功能强大,是为解决和防止电缆出现安装问题,其可以检测出电缆的连接线序、电缆的通断和电缆故障的位置,从而节省了金钱和安装所耗费的时间。它可将双绞线和同轴电缆都进行测试,同时还能对其他类型的电缆进行诊断,如网络安全电缆、语音传输电缆、电话线等。电缆验证仪可以利用其发出的四种音调对天花板上、墙壁中及配电间的电缆进行位置确定。

第四,单端电缆测试仪。单端电缆测试仪在对电缆测试时,是不需要在电缆的另一端与远端单元相接的,因为即使不这样,也可以对电缆进行距离、串扰和通断等测试,并且也不需要等电缆全都安完之后再测试,发现故障之后马上纠正,可节省大量的时间。

另外,其他测试工具主要有数字万用表和接地电阻测量仪。

第一,数字万用表。数字万用表主要用于综合布线系统中的楼层配线间、设备间以及工作区电源系统的测量。

第二,接地电阻测量仪。接地电阻测量仪也被称为接地电阻摇表,简称接地摇表,专门用来检查接地的仪器。这种仪器用于综合布线系统中对接地系统进行测量,观察结果是不是符合相关的技术规范。

(四)施工前的器材检查

工程施工前,应认真对施工器材进行检查,经检验的器材应做好记录,对不合格的器材,应单独存放,以备检查和处理。

1.器材的检验要求

(1)在正式施工前,应检查工程中所用到的线缆器材的数量、规格、质量和形式等,与设计不符或无出厂检验证明材料的在工程中则不能使用。

(2)工程中的器材和线缆等,应该在型号、等级和规格上与订货的合同或封存的产品相符。

(3)检验之后的器材要及时做好记录,不合格的要单独放置,方便处理与核查。

(4)备件、备品和各类资料都应齐全。

2.线缆的检验要求

(1)工程在使用光缆和对绞电缆时,其规格和形式要满足设计的规定及合同要求。

(2)要有清晰、齐全的电缆的标签内容与标志。

(3)电缆外护线套要保证完好无损,同时电缆要有出厂质量检验合格证。如用户要求,应附有本批量电缆的技术指标。

(4)光缆开盘后,先检查光缆端头与外表的封装是否完好无损。

(5)综合布线系统工程中使用的电缆,应当首先检验测试的数据和光缆合格证,有需要也可以对光纤长度与衰减进行测试。

3.接插件的检验要求

(1)配线模块、信息插座和其他接插件中应该有完整的部件,还应检验塑料材质是不是满足要求。

(2)过流保护各项指标应符合有关规定。

(3)光纤插座连接器也应在各方面与设计要求相对应,如在数量、使用形式和位置等方面。

4.型材、管材与铁件的检查要求

(1)各型材的规格、材质和型号等要求要与设计文件的规定相一致,其表面不能变形或断裂,应该保证其光滑、平整。

(2)管道采用水泥管块时,其检验要按照验收时和通信管道工程施工时的有关规定进行;在使用钢管和硬质聚氯乙烯管时,其管孔不得变形,管身要光滑无损伤,且壁厚和孔径等都要符合设计的规定。

(3)铁件的各种材质和规格都要在质量标准之内,不能有扭曲、断裂、破损和歪斜等情况存在,并且它的镀层与表面处理要均匀光滑,不能发生气泡和脱落等情况。

5.配线设备使用时应符合的规定

(1)光缆、电缆在交接设备的规格和形式上都应与设计的要求相一致。

(2)光缆、电缆在交接设备的标志名称与编排上要与其设计相符,各类型标志的位置应正确、清晰且统一。

第三节　建筑综合布线系统的优势

一、智能建筑综合布线系统的特点与规范

综合布线系统工程有很多不同的规范及特点,以下主要对综合布线的应用类别和链路级别,以及综合布线系统的指标进行介绍。

(一)综合布线的应用类别和链路级别

1.综合布线的应用类别

不同的应用类别有着不同的需求,其应用类别主要分为五种。其中分别包含了 A 级、B 级、C 级、D 级和光缆级。

A 级包含了低频应用和语音带宽,B 级包括中等比特率的数据应用,C 级包括高比特率的数据应用,D 级包括甚高比特率的数据应用,而光缆级则包含了高速和甚高速率的数据应用。

2.综合布线的链路级别

按照传输媒介分,布线链路可分成不同的级别并支持对应的应用级。

例如,A 级的对绞电缆布线链路是最低级别的链路,只支持 A 级应用,B 级的对绞电缆布线链路则同时支持 B 和 A 级应用,C 级支持 C 级及其以下应用,D 级支持 D 级及其以下应用,依次类推。而光缆布线链路则是支持传输频率 10 MHz 及其以上的各类应用,可采用单模或多模光纤。

布线系统使用的是铜芯对绞电缆,它的 5 类对绞电缆布线链路支持 D 级(100 MHz),4 类则支持 C 级(20 MHz),3 类也支持 C 级(16 MHz)。如今 5 类以上的对绞电缆布线链路在建筑楼与建筑群已经被大量地采用,并且 100 MHz 以上的传输频率都能够支持。国际标准化委员会国际电工委员会(ISOIECA)对于 5 类以上的对绞电缆布线链路,还并没有颁布最后正式的应用类别标准。

3.综合布线应用类别与传输距离的关系

综合布线链路的类别支持不同等级传输频率的应用,综合布线要满足支持的各类多媒体业务的分级要求,如图文、图像和电话数据等,还应该选取相应的

连接硬件设备和缆线,注意等级要相对应。此外,综合布线系统在传输距离和应用类别的规定上,是与各种计算机网络密切相关的。

(二)综合布线系统的指标

1.综合布线的接口

(1)综合布线的接口。综合布线的接口对应着其每个子系统的端部,是用来连接其他设备的,并且信息插座和各配线架都配有接口。配线架上的接口部件能够与外部业务的电缆和光缆相连接,可采用的办法有夹接和插接。程控用户交换机的放置与设备间的位置,与外部业务从引入点到建筑物配线架的距离有关,且在设计应用系统时要将这段光缆和电缆的特性都考虑在内。综合布线还应连接公用网接口,方便使用公用的电信业务,同时公用网接口设备的摆放位置要与主管部门进行确认后再进行。

(2)综合布线接口和相关链路扩展。链路的任意一端都有综合布线的接口存在,水平的布线链路其中一个接口是应用设备连接在水平布线一点处,另一个接口则为信息插座。链路的接口之间,如线缆、线缆连接点工艺及相关的连接件等决定了相关的通道性能,其中,工作区的设备电缆与布线电缆不涵盖在此链路里。通道只包含了接插线、相关连接件、无源线缆段和跳线,与应用系统中有源、无源的专用部件是没有什么联系的。有两段链路可以帮助工作区的终端设备连接到主机,这两段分别是光缆布线链路和平衡电缆布线链路。这两段链路是由光或电的转换器连接起来的,其链路接口共有四个,在光缆布线链路的每一端分别各有一个,以及在平衡电缆布线链路的每一端也各有一个。

2.光缆布线链路的指标

(1)光缆波长窗口参数。综合布线系统光缆波长窗口的各项参数,应符合表4-3-1的规定。

表4-3-1　多模/单模光纤的波长窗口

光纤模式,标称波长/nm	下限/nm	上限/nm	基准试验波长/nm	谱线最大宽度
多模,850	790	910	850	50
多模,1 300	1 285	1 330	1 300	150
单模,1 310	1 288	1 339	1 310	10
单模,1 550	1 525	1 575	1 550	10

（2）多模光缆布线链路的最小模式带宽。综合布线系统多模光纤链路的最小模式带宽应符合表4-3-4的规定。

表4-3-2　多模光缆布线链路的最小模式带宽

标称波长/nm	最小模式带宽/MHz
850	100
1 300	250

（3）最小光回波损耗限值。综合布线系统光缆布线链路任意接口的最小光回波损耗限值，应符合表4-3-3的规定。

表4-3-3　最小的光回波损耗限值

光纤模式,标称波长/nm	最小的光回波损耗限值/dB
多模,850	20
多模,1 300	20
单模,1 310	26
单模,1 550	26

（4）阻抗匹配和平衡与不平衡的转换适配。综合布线系统在设备和线缆相连接时要注意，应该阻止匹配与平衡、不平衡之间的转换适配。特性阻抗需符合的标准为100 Ω，当频率大于1 MHz时，偏差值要±15 Ω。

二、智能建筑综合布线系统的优越性

对比优越性方面，从传统布线系统来说，各系统的设计和安装是由不同的厂商实施的，而且各系统采用的传输介质和连接件也各不相同，这些不同的连接件均无法相互兼容。在实际应用中，经常需要改变办公布局及环境，这时，如果要调整办公设备的位置或随着新技术的发展要改换终端设备，就必须更换布线。长久下去，建筑物内就会有许多用不上的旧线缆，而且敷设与维护新线缆也很不方便。由于使用维护与线路改造耗费了大量资源，人们不得不寻求更好的方案来解决日益复杂的信息网络线缆的布线。

建筑物是综合布线系统的平台，其采用的是高质量的相关连接器件标准电缆，使建筑物内的信息传输通道具有灵活、标准和开放的特点，并让语音数据通信成为统一的一个系统,再进一步与外部通信网络相连。它包括建筑物内及园区的语音、数据和图像信号传输用的线缆及相关的连接部件。综合布线系统是以各节点的网络配置情况、地理分布情况和通信要求等为依据,安装适当的连接设备和传输介质,让其网络管理和相关维护更加简单、容易操作。

(一)具有良好的初期投资和性能价格

从初期投资和性能价格这两个方面来评判一个建筑产品的经济性。如果系统在使用初期具有较强的实用性,并且,在不追加任何投资的前提下,今后的若干年内依然能够保持系统的先进性,那么就认为这个产品既具有良好的初期投资特性,又具有很高的性能价格比。

从系统的初期投资上来讲,综合布线的初期投资比传统布线的要高一些,但是综合布线把原来若干套互不兼容、相互独立的布线系统集中为一套标准的布线系统,而且,几乎所有的弱电布线均可由一个安装公司来完成,可以最大限度地避免重复性施工,缩短工期。当一幢建筑物中应用系统的个数逐渐增加,达到2～3种布线时,综合布线方式与传统布线方式的初投资基本持平。应用系统的个数直接关系着综合布线方式的初投特性,前者个数越多,后者则体现得越明显。

综合布线方式性能价格比与时间的关系曲线呈上升趋势,而传统布线方式的性能价格相较于时间的关系曲线是呈下降趋势的,形成了一个剪刀差。也就是说,布线系统的使用年限越长,表明两种布线方式的性能价格比的差距就越大。

此外,综合布线是一种预先布线,能够适应较长一段时间的需求。它是完全开放的,既能够支持多级多层网络结构又能够满足智能建筑现在和将来的通信需要,系统可以适应更高的传输速率和带宽。综合布线还具有灵活的配线方式,布线系统上连接的设备在改变物理位置和数据传输方式时,都不需要进行重新定位。

综合布线系统有着传统布线所无法比及的许多优越性,除具有布线综合性外还具有先进性、经济性、灵活性、可靠性、兼容性和开放性等优点,而且在系统的设计施工和维护过程中也带来了许多的方便。

综合布线方式与传统布线方式相比,在布线工程的各个环节都有着明显的优越性,具体实施过程的比较如表4-3-4所示。

表 4 - 3 - 4 综合布线与传统布线实施过程比较

环 节	传统布线	综合布线
方案设计	各个系统独立进行设计,在线路上存在过多牵制,需多次进行图纸汇总才能得到可以妥协的方案,设计周期长	将各个系统综合进行考虑,设计思路简洁,可以按照客户的需要灵活地改变设计方案,节省了大量时间
传输介质	不同的系统采用不同的传输介质: ①电脑系统使用同轴电缆; ②使用其专用电话线; ③电话线、电脑线不得通用	采用统一的传输介质: ①全部采用双绞线传输; ②电话线与电脑线可以互用
灵活性及开放性	每个系统是不兼容的状态,且相互独立,使得用户存在着极大不便; 维护和管理成了一大难题,使用户无法通过改变布线而满足自身要求; 设备一旦移动或改变都会使整个布线系统发生变化	整栋大楼内的各系统都可以被用户进行灵活管理; 极大减少了管理和维护人员数量; 设备需要在改变和移动后变更跳线
扩展性	如今,计算机和通信技术正处于飞速发展阶段,现在的布线可能很难满足今后需求; 很难扩展,需要重新施工,造成时间、资金、材料和人员上的浪费	在 15~20 年内充分适应计算机及通信技术的发展,为办公自动化打下了坚实的线路基础; 在设计时已经为用户预留了充分的拓展余地,保护了用户的前期投资
施工	各个系统独立施工,施工周期长,造成人员、材料及时间上的浪费	各个系统统一施工,周期短,节省大量时间及人力、物力

(二)综合布线系统生命周期最长

软件最短的生命周期只有 1 年;大厦的墙体结构生命周期有 50 年;个人计算机或工作站的生命周期仅为 5 年;主机的生命周期为 10 年;而布线系统的生命周期在所有网络部分当中最长,达 15 年以上。一个基于标准的综合布线可保证支持未来的应用,从一定意义上说,向用户提供的承诺均可以达 15 年,并且其寿命是远超于 15 年的。

(三)具有较高性价比

在智能建筑中,如果想要将设备从房间中搬离,或在房间中增加新的设备,那么使用者只需要在总设备间和同层的配线间操作让其跳线,就可以在不用重新布线的情况下,实现使用者增加的这些要求。在设计和建设一幢大厦的初级阶段,总会存在很多不可预测的情况,只有在用户处进行确定之后,才能实际了解到计算机的网络配置和电话的需求。在使用综合布线之后,解决问题时只要将配线间的配线架做相应的跳线操作就可以了。

虽然综合布线系统的设备价格较高,但它把之前相互不兼容的多种布线类别集中成了完整的一套布线系统,并且是由一个施工单位完成的。这样不仅节省了设备的占用和大量的重复劳动,缩短了布线的周期,还使信息点增多,平均费用降低。

综合布线系统使用时间越长,它的高性能价格比就体现得越充分。时间越长,综合布线系统的布线方式的占比越会有所上升,但传统的布线方式的占比则会下降,布线系统竣工在 1 年左右的时间中,综合布线系统高性能价格比的优点是体现不出来的。系统用来维护的费用在这个时间段的价格较低,但使用期总会延长,系统也会有新的变化、应用和需求,这时传统布线就显得十分困难了。但综合布线系统不同,它在起初就已经将适应各种需求的能力加进了设计中去,并认真考虑了未来变化的结果,这使得其管理维护非常方便,也为业主省下很多运行维护的费用。因此,综合布线对于投资者来说,是提高并加快了投资回报率的。

总之,由于综合布线系统所固有的优越性,其已经成为智能建筑信息传输的通路,是智能建筑的生命线。建筑工程是百年大计,在规划和设计时,应该考虑建筑物在今后相当长时期内的发展需求,统一规划,等条件都具备时再逐步实施。

第五章　建筑设备监控研究

第一节　建筑设备监控系统

一、建筑设备监控系统的组成

建筑设备监控系统由传感器、执行器、控制器、人机界面、数据库、通信网络和接口等组成。一般来说，传感器、执行器和控制器安装于被监控设备现场附近，人机界面用于与使用人员进行交互，数据库可实现数据储存和提供查询等操作管理，上述设备通过通信网络和接口连接，再配以电源灯辅助设施就构成了建筑设备监控系统。

(一)传感器

传感器是能感受规定的被测量信息，并按一定规律转换成可用输出信号的器件或装置。传感器用以测量需要被测量的各种物理量，并把这些物理量变为有规律的电信号传送给控制器。常用的传感器有温度、湿度、压力、流量、液位、电流、电压、红外线、照度和声音等传感器。

(二)执行器

执行器是能接收控制信息，并按一定规律转换成可用输出信号的器件或装置。执行器由执行机构和调节机构两部分组成。执行机构是执行器的推动部分，接受来自控制器的控制信息，按照控制器发出的信号大小或方向产生推力或位移。调节机构如阀门、风门等通过执行元件直接控制被控对象的过程参数，使系统满足指标的要求。执行器按照使用的能源种类可分为气动、电动、液动三种类型。在建筑设备监控系统中常用的执行器有电动蝶阀、电动直通单座调节阀（两通阀）、电动直通双座调节阀、电动三通调节阀、电动风门、防火阀和排烟阀等。

（三）控制器

控制器是能按预定目的产生控制信息，用以改变被监控对象状况的器件或装置。现场控制器接收传感器的电信号，配合内部的控制程序来控制水泵、风机阀门等设备，并完成相互之间的连锁控制。常用的有直接数字控制器、可编程序控制器和神经元智能控制器。控制器信号的输出、输入按能否直接被微机或执行器接收分为数字量输入（DI）、输出（DO）和模拟量输入（AI）、输出（AO）。

（四）人机界面和数据库

人机界面是人和计算机之间传递和交换信息的媒介。数据库是按一定的结构和组织方式存储起来的相关数据的集合。

（五）通信网络和接口

建筑设备监控系统中通信网络的作用是解决监控系统中分布在不同地点的传感器、执行器、控制器、人机界面和数据库的连接问题，从而实现资源共享的目的。接口是不同设备之间传输信息的物理连接和数据交换。

目前主要应用的通信网络有现场总线、工业网络、用户电话交换系统、信息网络系统、移动通信信号室内覆盖系统等。整个通信网络宜采用一种通信协议，当采用两种及以上协议时，应配置网关或通信协议转换设备。网络结构、网络传输距离、网络能够连接设备的数量、网段划分及电气连接方式，应满足所采用的通信技术的要求。当传感器、执行器和控制器提供数字通信协议时，通信协议应符合相关规范规定。

二、建筑设备监控系统的功能

（一）检测功能

检测设备在启停、运行及维修处理过程中的参数；检测反映相关环境状况的参数；检测用于设备和装置主要性能计算和经济分析所需要的参数；应能进行记录，且记录数据应包括参数和时间标签两部分；记录数据在数据库中的保存时间不应小于1年，并可导出到其他存储介质。

（二）安全保护

根据检测参数执行保护动作，并应根据需要发出报警；应记录相关参数，且记录数据应符合相关规范规定。

(三)远程控制

根据操作人员通过人机界面发出的指令,改变被监控设备的状态;被监控设备的控制箱(柜)应设置手动/自动转换开关,且监控系统应能检测手动/自动转换开关的状态,当执行远程控制功能时,转换开关应处于"自动"状态;应设置手动/自动的模式转换,当执行远程控制功能时,监控系统应处于"手动"模式;应记录通过人机界面输入的用户身份和指令信息,记录数据符合相关规范规定。

(四)自动启动

应能根据控制算法实现相关设备的顺序启停控制;应能按时间表控制相关设备的启停;应设置手动/自动的模式转换,且执行自动启停功能时,监控系统应处于"自动"模式。

(五)自动调节

在选定的运行工况下,应能根据控制算法实时调整被监控设备的状态,使被监控参数达到设定值要求;应设置手动/自动的模式转换,且执行自动调节功能时,监控系统应处于"自动"模式;应能设定和修改运行工况;应能设定和修改监控参数的设定值。

三、建筑设备监控系统的网络结构

(一)建筑设备监控系统规模

在确定建筑设备监控系统网络结构、通信方式、控制问题及监控中心的规划时,系统规模的大小是需要考虑的主要因素之一。不同厂家推出的建筑设备监控系统产品说明或综述介绍中大多数都涉及规模划分问题。根据《民用建筑电气设计标准》(GB51348—2019)的规定,参考国外对工业过程实施管控的分布式计算机控制系统的划分,建筑设备监控系统的规模可按实时数据库的硬件点和软件点数,区分为小型、中型、大型三类,见表5-1-1。

表5-1-1　建筑设备监控系统规模

系统规模	小型系统	中型系统	大型系统
实时数据库点数	666及以下	1 000～2 999	3 000及以上

需要指出的是,建筑设备监控系统各厂家有关系统大小的数量规定差异很

大,如小型系统有的规定为 1 000 点以下,有的规定为 1 500 点以下,其原因都是根据各自产品的应用条件来描述规模大小的,并没有一个确切的规范依据,因此,表 5-1-1 的意义在于给出一个明确的量化标准,而不在于其具体的量化值。

(二)建筑设备监控系统的网络结构

建筑设备监控系统实质上是一个局域网系统,同时也是实时过程控制系统,其网络结构包括集中式控制系统、分布式控制系统、现场总线控制系统和网络集成系统。建筑设备监控系统的合理性决定了整个系统的稳定性、可靠性以及投资的合理性,因此,必须认真规划,仔细设计。

1.建筑设备监控系统网络结构选定

建筑设备自动化系统网络结构的选定一般应符合以下设计原则。

第一,满足集中监控需要。这是建筑设备监控系统网络结构选定的最基本原则。能够实现集中监控的系统被认为是可用的系统,但并非所有可用的系统都是理想的优化系统。

第二,与系统规模相适应。建筑设备自动化系统网络结构应与系统规模相适应,即监控点多的大型系统应采用树形的分布型系统或集散型系统,而监控点少的小型系统则应采用集中控制系统。

第三,系统易于拓展。任何建筑设备自动化系统都应易于实现扩展,应对设备的扩展能力做出慎重的规划。大型系统需要扩展的是分站,小型系统需要扩展的是监控点。

第四,实现危险分散。危险分散主要针对中型系统和大型系统的分布型布局。所谓危险分散是指当系统的某一部分出现故障时,应尽量减少故障的波及范围。若中央站出现故障,集中管理功能会有所降低,但分站功能不会受到影响;若分站出现故障,只对有限范围内产生影响。

第五,降低投资成本。应以适用为原则,保证可靠性,尽量较少初投资,选择性价比最高的产品。

2.建筑设备监控系统网络结构层

根据《民用建筑电气设计规范》(JGJ 16—2016)的规定,建筑设备监控系统宜采用分布式系统和多层次的网络结构,并应根据系统的规模、初投资及选用产品的特点,采用单层、两层或三层的网络结构,但不同的网络结构的选择均应满足分布式系统集中监视操作和分散采集控制的原则:大型系统宜采用由管理、控制、现场设备三个网络层构成的三层网络结构;中型系统宜采用两层或三层的网络结构,其中两层网络结构宜由管理层和现场设备层构成;小型系统宜采用以现场设备层为骨干构成的单层网络结构或两层网络结构。各网络层应符合以下规定。

(1)管理网络层。管理网络层除应完成系统集中监控和系统集成外,还应能完成"监测系统的运行参数""监测子系统对控制命令的响应情况""显示和记录各种运行状态、故障报警等信息""数据报表和打印"等工作。

(2)控制网络层。控制网络层应完成建筑设备的自动控制,包括对主控项目的开环控制和闭环控制、监控点逻辑开关表控制和监控点表时间控制。控制网络层应由通信总线和控制器组成,通信总线的通信协议宜采用 TCP/IP、BACnet、Lon talk、Meter Bus 和 Mod Bus 等国际标准。控制网络层的控制器(分站)宜采用直接数字控制器(DDC)、可编程逻辑控制器(PLC)或兼有 DDC、PLC 特性的混合型控制器(HC),在民用建筑中,除有特殊要求外,应选用 DDC 控制器。

(3)现场设备网络层。现场设备网络层应完成末端设备控制和现场仪表设备的信息采集和处理。中型及以上系统的现场网络层,宜由通信总线连接微控制器、分布式智能输入/输出模块和传感器、电量变送器、照度变送器、执行器、阀门、风阀、变频器等智能现场仪表组成。现场网络层宜采用 TCP/IP、BACnet、Lon talk、Meter Bus 和 Mod Bus 等国际标准通信总线。微控制器应安装在被监控设备的控制箱里,成为被监控设备的一部分。微控制器能对末端设备进行控制,并能独立于中央管理工作站和分站完成控制操作。以专业功能为分类标准,可将微控制器分为以下几种:其一,通风与空调系统的吊顶空调微控制器、风机盘管微控制器、变风量箱微控制器、热泵微控制器等;其二,供排水系统的中水泵微控制器、给水泵微控制器、排水泵微控制器等;其三,变配电微控制器、照明微控制器等。

四、建筑设备监控系统的监控内容

监控系统的监控范围应根据项目建设目标确定,并应包括供暖通风与空气调节、给水排水、供配电、照明、电梯和自动扶梯等设备。当被监控设备自带控制单元时,可采用标准电气接口或数字通信接口的方式互联,并宜采用数字通信接口方式。

(一)供暖通风与空气调节系统

1.空调冷热源和水系统

应能检测下列参数:冷热机组/热泵机组的蒸发器进、出口温度和压力;冷热水机组/热泵的冷凝器进、出口温度和压力;常压锅炉的进、出口温度;热交换器一二次侧进、出口温度和压力;分、集水器的温度和压力(或压差);水泵进、出口压力;水过滤器前后压差开关状态;冷水机组/热泵、水泵、锅炉、冷却塔风机等设备的启停和故障状态;冷水机组/热泵的蒸发器和冷凝器侧的水流开关状态;水箱的高、低液位开关状态。

应能实现下列安全保护功能:根据设备故障或断水流信号关闭冷水机组/热泵或锅炉;防止冷却水温低于冷水机组允许的下限温度;根据水泵和冷却塔风机的故障信号发出报警提示;根据膨胀水箱高、低液位的报警信号进行排水或补水;冰蓄冷系统换热器的防冻报警和自动保护。

应能实现下列远程控制功能:水泵和冷却风机等设备的启停;调整水阀的开度,并宜检测阀位的反馈;应通过设备自带控制单元实现冷水机组/热泵和锅炉的启停。

应能实现下列自动启停功能:按顺序启停冷水机组/热泵、锅炉及相关水泵、阀门、冷却塔风机等设备;按时间表启停冷水机组/热泵、水泵、阀门和冷却塔风机等设备。

应能实现下列自动调节功能:自动调节水泵运行台数和转速;自动调节冷却塔风机运行台数和转速;自动调节冷水机组/热泵、锅炉的运行台数和供水温度;按累计运行时间进行被监控设备的轮换。

2.空调机组

应能检测下列参数:室内外空气的温度;空调机组的送风温度;空气冷却器/加热器出口的压差开关状态;空气过滤器进出口的压差开关状态;风机、水阀、风阀等设备的启停状态和运行参数;冬季有冻结可能性的地区,还应检测防冻开关状态。

应能实现下列安全保护功能:风机的故障报警;空气过滤器压差超限时的堵塞报警;冬季有冻结可能性的地区,还应具有防冻报警和自动保护的功能。

应能实现下列远程控制功能:风机启停;调整水阀的开度,并宜检测阀位的反馈;调整风阀的开度,并宜检测阀位的反馈。

应能实现下列自动启停功能:风机停止时,新/送风阀和水阀连锁关闭;按时间表启停风机。

应能实现下列自动调节功能:自动调节水阀的开度;自动调节风阀的开度;设定和修改供冷/供热/过渡季工况;设定和修改服务区域空气温度的设定值。

3.新风机组

应能检测下列参数:室外空气的温度;机组的送风温度;空气冷却器、空气加热器出口的冷、热水温度;空气过滤器进、出口的压差开关状态;风机、水阀、风阀等设备的启停状态和运行参数;冬季有冻结可能性的地区,还应检测防冻开关状态。

应能实现下列安全保护功能:风机的故障报警;空气过滤器压差超限时的堵塞报警;冬季有冻结可能性的地区,还应具有防冻报警和自动保护的功能。

应能实现下列远程控制功能:风机的启停;调整水阀的开度,并宜检测阀位的反馈;调整风阀的开度,并宜检测阀位的反馈。

应能实现下列自动启停功能:风机停止时,新风阀和水阀连锁关闭;按时间表启停风机。

应能实现下列自动调节功能:自动调节水阀的开度;设定和修改供冷/供热/过渡工况;设定和修改送风温度的设定值。

4.风机盘管

应能检测下列参数:室内空气的温度和设定值;供冷、供热工况转换开关的状态;当采用干式风机盘管时,还应检测室内的露点温度或相对湿度。

应能实现下列安全保护功能:风机的故障报警;当采用干式风机盘管时,还应具有结露报警和关闭相应水阀的保护功能。

应能实现风机启停的远程控制。

应能实现下列自动启停功能:风机停止时,水阀连锁关闭;按时间表启停风机。

应能实现下列自动调节功能:根据室温自动调节风机和水阀;设定和修改供冷/供热工况;设定和修改服务区域温度的设定值,且对于公共区域的设定值应具有上、下限值。

5.通风设备

应能检测下列参数:通风机的启停和故障状态;空气过滤器进出口的压差开关状态。

应能实现下列安全保护功能:当有可燃、有毒等危险物泄漏时,应能发出报警,并宜在事故地点设有声、光等警示,且自动连锁开启事故通风机;风机的故障报警;空气过滤器压差超限时的堵塞报警。

应能实现风机启停的远程控制。

应能实现风机按时间表的自动启停。

应能实现下列自动调节功能:在人员密度相对较大且变化较大的区域,根据CO_2浓度或人数/人流,修改最小新风比或最小新风量的设定值;在地下停车库,根据库内CO_2浓度或车辆数,调节通风机的运行台数和转速;对于变配电室等发热量和通风量较大的机房,根据发热设备使用情况或室内温度,调节风机的启停、运行台数和转速。

(二)给排水系统

1.给水设备

应能检测下列内容:水泵的启停和故障状态;供水管道的压力;水箱(水塔)的高、低液位状态;水过滤器进出口的压差开关状态。

应能实现下列保护功能:水泵的故障报警功能;水箱液位超高、超低报警和连锁相关设备动作。

应能实现下列控制功能:水泵启停的远程控制。

应能实现下列自动启停功能:根据水泵故障报警,自动启停备用泵;按时间表启停水泵;当采用多路水泵供水时,应能依据相对应的液位设定值控制各供水管的电动阀(或电磁阀)的开关,并应能实现各供水管的电动阀(或电磁阀)与给水泵间的连锁控制功能。

应能实现下列调节功能:设定和修改供水压力;根据供水压力,自动调节水泵的台数和转速;当设置备用水泵时,能根据要求自动轮换水泵工作。

2.排水设备

应能检测下列参数:水泵的启停和故障状态;污水池(坑)的高、低和超高液位状态。

应能实现下列保护功能:水泵的故障报警功能;污水池(坑)液位超高时发出报警,并连锁启动备用水泵。

应能实现水泵启停的远程控制。

应能实现下列自动启停功能:根据水泵故障报警自动启动备用泵;高液位自动启动水泵,低液位自动停止水泵;按时间表启停水泵。

此外,监控系统应能检测生活热水的温度,宜监控直饮水、雨水、中水等设备的启停。

(三)供配电系统

1.高压配电柜

应能监测进线回路的电流、电压、频率、有功功率、无功功率、功率因数和耗电量。

应能监测馈线回路的电流、电压和耗电量。

应能检测进线断路器、馈线断路器和母联断路器的分、合闸状态。

应能监测进线断路器、馈线断路器和母联断路器的故障及跳闸报警状态。

2.低压配电柜

应能监测进线回路的电流、电压、频率、有功功率、无功功率、功率因数和耗电量,并应能监测进线回路的谐波含量。

应能监测出线回路的电流、电压和耗电量。

应能监测进线开关、重要配出开关和母联开关的分、合闸状态。

应能监测进线开关、重要配出开关和母联开关的故障及跳闸报警状态。

3.干式变压器

应能监测干式变压器的运行状态和运行时间累计。

应能监测干式变压器超温报警和冷却风机故障报警状态。

4.应急电源及装置

应能监测柴油发电机组工作状态及故障报警和日用油箱的油位。

应能监测不间断电源装置(UPS)及应急电源装置(EPS)进出开关的分、合闸状态和蓄电池组电压。

应能监测应急电源供电电流、电压及频率。

(四)照明系统

1.照明监测

应能监测室内公共照明不同楼层和区域的照明回路开关状态。

应能监测室外庭院照明、景观照明、立面照明等不同照明回路开关状态。

2.照明控制

应能实现监控系统对照明的远程主要回路的开关控制。

3.照明自动启停

应能实现监控系统对照明的自动启停按照预先设定的时间表控制相应回路的开关。

4.照明自动调节

应能实现监控系统对照明的自动调节功能:切换一定场景模式;修改服务区域的照度设定值;启停各照明回路的开关或调节相应灯具的调光器。

(五)电梯与自动扶梯

应能实现监控系统对电梯与自动扶梯的检测功能:应能检测电梯和自动扶梯的启停、上下行和故障状态;应能检测电梯的层门开关状态和楼层信息;应能检测自动扶梯有人/无人状态和无人时的运行状态。

应能实现监控系统检测电梯与自动扶梯的故障状态。

(六)能耗监测系统

应能实现检测电、燃气、水、油、热/冷量等的能耗量。

用于计费结算的表具应符合国家规定。

应能检测大型设备相关的能源消耗和性能分析的参数。

第二节　建筑设备监控系统施工技术

一、建筑设备监控系统施工准备

建筑设备监控系统工艺流程如下:现场设备定位→线槽敷线、配管穿线→现场设备安装→DDC控制器安装→校接线→系统连接、调试。

(一)技术准备

施工前应与建筑设备监控系统各施工单位确认分工界面和工作范围,明确各单位的工作分工。

被监控设备应满足监控系统介入的要求,需要核对被监控设备的接入条件,具体包括:设备专业控制原理是否满足监控要求,电气专业控制箱和配电箱是否满足监控要求,管道和阀门是否满足监控要求,电梯是否具备检测条件,自动控制单元设备的数字通信接口和通信协议是否满足监控要求等。

应对施工人员进行安全教育和技术交底工作,并应按《建筑设备监控系统工程技术规范》(JGJ/T 334—2014)的规定填写施工技术交底。

(二)材料准备

监控系统的设备在安装前应进行检查,并符合以下规定。

第一,设备的型号、规格、主要尺寸、数量、性能参数等应符合设计要求。

第二,设备的外形应完整,不得有破损、脱漆、变形、裂痕等缺陷。

第三,设备内部的电路板不得受潮、变形,接插件应接触牢靠,焊点不得有腐蚀、外接线现象。

第四,设备柜内的配线应完整,不得有短线、缺损现象,内外接线应连接紧密,不得有裸露和松动现象。

第五,设备的接地应接触良好、连接可靠。

(三)施工条件

监控系统的设备在安装前,应满足以下施工条件。

第一,机房和弱电竖井的建筑施工完毕。

第二,设备机房内部施工完毕,完成机房环境、电源及接地等的安装,具备设备安装条件。

第三,预埋管和预留孔满足安装条件。

第四,照明控制箱、给排水设备、空调和通风设备、电梯等设备安装就位,并根据设计需求预留控制信号的接入点。

第五,各系统的供电及二次线路的设计必须满足建筑设备监控系统的监测、控制要求,并应有双方书面协议。

二、建筑设备监控系统设备安装

(一)现场控制器箱的安装

现场控制器箱的安装应符合以下规定。

第一,现场控制器箱的安装位置应根据现场情况决定,一般靠近被控设备,尽可能使空间宽敞,方便检修。

第二,为防止其他交叉作业时被破坏,现场控制器箱应在调试前安装,在调试前还应采取防尘、防潮和防腐蚀措施进行妥善保管。

第三,现场控制器箱应安装牢固,不得倾斜,安装在轻质墙上时,还应采取加固措施。

第四,当现场控制器箱的高度大于 1 m 时,应采用落地式安装,并配备底座;当现场控制器箱的高度小于或等于 1 m 时,应采用壁挂式安装,箱体距地面的高度应大于 1.4 m。现场控制器箱的正面与墙或其他设备的距离应大于 1 m,侧面与墙或其他设备的距离应大于 0.8 m。

第五,应在现场控制器箱的门板内侧放置箱内设备接线图,以便维修人员检查故障。现场控制器箱配线应固定牢靠,不宜交叉,应按照设备接线图和设备说明书进行安装。

(二)传感器的安装

1.温、湿度传感器的安装

室内温、湿度传感器应安装在温度变化较小的区域,能代表该区域的温度范围,不应安装在阳光直射的区域。传感器应远离风口、潮湿的区域,远离有较强电磁干扰和振动的区域。

室内温、湿度传感器应安装在距离窗、门和风口不少于 2 m 的位置。同一区域的传感器的距地高度应一致,高度差应小于 10 mm,并考虑与其他开关的协调性。

室外温、湿度传感器应有防雨、防风和防晒等保护措施。

风管型温、湿度传感器应安装在风速平稳的下半部;水管型温、湿度传感器应与管道垂直安装,感温段小于管道口径的 1/2 时,应安装在管道的底部或侧面。

2.压力传感器的安装

风管型压力传感器应安装在温、湿度传感器测温点的管道上半部。

风压压差开关的安装高度距地面应大于 0.5 m,安装完毕后应进行密闭处理。

水管型压力传感器应安装在温、湿度传感器测温点的管道上半部,当取压段小于管道口径的 2/3 时,应安装在管道的底部或侧面。

水流开关应垂直安装在管道上,开关标识方向应与水流方向一致,叶片长度不小于管道口径的 1/2。

3.水流量传感器的安装

水流量传感器应安装在温、湿度传感器测温点的上游,距离温、湿度传感器 6～8 倍管径的位置。

水流量传感器应采用屏蔽和带有绝缘保护套的传输线缆,传输线缆的屏蔽层应在现场控制器侧接地。

4.空气质量传感器的安装

探测气体比重大的空气质量传感器应安装在房间下部,距地高度不大于 1.2 m。

探测气体比重小的空气质量传感器应安装在房间上部,距地高度不小于 1.8 m。

5.风管式空气质量传感器的安装

风管式空气质量传感器应安装在风管管道的水平直管段。

探测气体比重大的风管式空气质量传感器应安装在风管的下部。

探测气体比重小的风管式空气质量传感器应安装在风管的上部。

(三)执行器的安装

1.风阀执行器的安装

风阀应开闭灵活,不得有卡涩或松动现象。

风阀轴和执行器的连接应固定牢靠。

风阀执行器不能与风门挡板轴连接时,可使用附件实现连接,附件不得影响风阀执行器的旋转角度。

风阀执行器应安装在方便观察的位置,执行器的开关指示应与风阀实际情况相一致。

风阀执行器的输出力矩应符合设计要求,并与风阀所需力矩相匹配。

2.电动水阀、电磁阀的安装

电动水阀和电磁阀的安装应牢靠、灵活,不得有卡涩或松动现象,阀门应安装在易于操作的位置。

阀体上的箭头指向应垂直安装在水平管道上,并与水流方向一致。

阀门上的阀位指示装置应安装在易于观察的位置。

(四)中央管理站和分站设备安装

目前国际上有两种开放式标准,即 BACnet 标准和 LonWorks 标准。这两种标准在我国也得到广泛应用。

BACnet 标准是管理信息域方面的一个标准,具有强大的数据通信能力,强大的组织处理和过程处理能力,能处理大量高级复杂的信息。BACnet 标准适用于大型智能建筑和不同系统之间的系统集成,中央管理站多使用该标准。

LonWorks 标准是实时控制域方面的一个标准,采用 LonTalk 通信协议的一种现场总线技术,通过挂接在 Lon 总线控制节点上的神经元芯片和标准网络通信协议使接入的各种设备之间可实现相互通信。总线上的控制节点可视为操作分站。LonWorks 标准是控制现场传感器和执行器之间实现互操作的网络标准,即为建筑物自控系统的传感器和执行器之间的网络化实现互操作制定的标准。

中央管理工作站应远离锅炉房和冷冻房。因此,一般应在关键设备的现场控制室设置操作分站,实现中央管理工作站的通信,执行关键设备的监控。监控计算机应符合以下安装要求。

第一,计算机的规格型号符合设计要求,安装前应检查供电系统是否符合设计要求,如电源功率、不间断电源或稳定电源等。

第二,安装监控系统相关软件,并将软件设置成自动更新模式,软件安装后,计算机能正常启动、运行。

第三,通过网络安全检验,在网络安全系统的保护下连接互联网,对监控软件和防病毒软件等进行升级。

第四,建筑设备监控系统设备安装记录的填写应符合规范规定。监控系统施工安装完成后,应对完成的分项工程逐项进行自检,并应在自检全部合格后,再进行分项工程验收。

三、建筑设备监控系统管线敷设

(一)供电电缆

建筑设备监控系统供电电源的电缆应使用 KVV-3×1.0 mm² 的铜芯塑料护套绝缘电缆,并在电缆桥架或电缆沟内敷设,也可采用 3 根 1.0 mm² 塑料绝缘铜芯线穿钢管埋地或穿塑料管明敷。

建筑设备监控系统供电电源的电源线应使用横截面积大于 2.5 mm² 的铜芯聚氯乙烯绝缘线,若设计要求中明确提出了供电电源,则应按设计要求采用。

(二)控制电缆

用电设备或开关的控制回路电压一般为直流 220 V 或 380 V,电磁阀控制回路电压一般为直流 24 V 或 36 V,应使用 1.0 mm² 铜芯塑料线或电缆敷设,不得与测量回路和直流信号回路共用一根电缆,也不得在同一根塑料管或钢管内敷设。

阀门执行机构控制回路电压一般为 24 V 或 36 V,应使用 1.0 mm² 铜芯塑料线或电缆单独敷设。控制回路为直流时,可与阀位反馈信号线共用一根电缆,或在同一根塑料管或钢管内敷设。

信号回路电压一般为直流 12 V、15 V 或 24 V。每个信号点为一根信号线与一根共用地线。同一方向的信号共用线可以共用,即 n 个信号可以用 $n+1$ 根信号线,选用 1.0 mm² 铜芯塑料线或电缆。信号电缆可以不用屏蔽电缆,但不能与交流回路共用一根电缆,也不能与其在一根钢管或塑料管内敷设。

测量回路必须选用铜芯屏蔽电缆,或选用铜芯塑料线穿管敷设,不得与交流回路共用一根电缆,也不得在同一根塑料管或钢管内敷设。每一个测量点为一根测量信号线和一根共用地线。需注意的是,电压信号地线可以共用,但电流信号地线不能共用,应单独以放射方式引导计算机监测与控制系统后集中于一点,再接到现场的地线端子。

通信线缆可选用计算机用屏蔽电缆、非屏蔽双绞线、屏蔽双绞线、光缆、同轴电缆等。

(三)线缆敷设

条件允许时,应单独设弱电信号配线竖井。每层建筑面积超过 1 000 m² 或延长距离超过 100 m 时,宜设两个竖井,以利于分站布置和数据通信。建筑设备监控系统线路和高层建筑通信干道在竖井内与其他线路平行敷设时,采用金属线槽或带盖板的金属桥架配线方式。网络信号线和通信线不应与电源线同管敷设,若敷设于同一金属线槽内,应设置金属隔离。当其做无屏蔽平行敷设时,与电源线间距应大于 0.3 m。同轴电缆可采用难燃塑料管敷设。

水平方向布线,宜在顶棚内采用线槽、线架配线方式;在地板下可采用架空活动地板、地毯、沟槽配线方式;在楼板内,可采用配线管、配线槽配线方式;在房间内,可采用沿墙配线方式等。

四、建筑设备监控系统调试

监控系统施工安装完成后,应进行系统调试和试运行。监控系统施工安装后的系统调试,即进行软件程序下载、参数初设和适当调整,直至符合设计规定要求的过程。同时,系统调试也是对工程质量进行全面检查的过程。根据国家相关施工管理的规定,系统调试应以施工企业为主,监理单位监督、设计单位和建设单位共同参与配合。

(一)调试条件

监控系统调试前应具备以下条件。

第一,施工完成,并自检合格。

第二,自带控制单元的被监控设备能正常运行。

第三,完成与被监控设备相连接管道的清扫、耐压、抗热、抗寒等工作,管道上各分支管道的流量分配满足设计要求。

第四,数字通信接口通过测试。

第五,针对项目编制的应用软件编制完成。

(二)准备工作

系统调试前,应组织参与调试的工程师熟悉本项目的设计方案、设计图纸、产品说明书、被监控设备工艺流程等技术资料,经现场调研勘察后,编制调试大纲。调试大纲应包括以下内容。

第一,项目概况。

第二,调试质量目标。调试质量目标是指监控功能达到设计要求,包括主要或关键参数如控制精度和响应时间等指标。

第三,调试范围和内容。

第四,主要调试工具和仪器仪表说明。调试工具和仪器仪表的性能参数应能满足设计要求,其校准期限应在有效期内。

第五,调试进度计划。

第六,人员组织计划,应明确调试人员的工作分工。

第七,关键项目的调试方案。关键项目调试方案一般包括以下几点内容:调试过程中涉及人员和设备安全的项目,如工作人员的高空作业、制冷设备的远程控制;控制程序复杂,对系统使用效果起重要作用的调试项目;采用新材料、新技术、新工艺的调试项目等。

第八,调试质量保证措施。

第九,调试记录表格。

(三)系统调试

监控系统的调试工作应包括以下内容。

第一,系统校线调试。监控系统的线缆一般包括通信线缆、控制线缆和供电线缆,校线调试应对全部线缆的接线进行测试。

第二,单体设备调试。单体设备包括监控机房设备(人机界面和数据库等)、控制器、各类传感器和各类执行器(电动阀和变频器等)。

第三,网络通信调试。网络通信包括监控机房之间、监控计算机与网络设备和控制器之间、监控系统与被监控设备自带控制单元之间、监控系统与其他智能化系统之间的通信。

第四,各被监控设备的监控功能调试。根据项目的具体情况,被监控设备一般包括供暖通风及空气调节、给水排水、供配电、照明、电梯和自动扶梯等。其监控功能应根据设计要求逐项调试,包括监测、安全保护、远程控制、自动启停和自动调节等。需要注意,应模拟全年运行可能出现的各种工况。

第五,管理功能调试。管理功能调试包括三方面的内容:其一,用户操作权限管理功能;其二,与其他智能化系统通信和集成;其三,与智能化集成系统的通信和集成。

五、建筑设备监控系统试运行

建筑设备监控系统施工安装和调试等分项工程验收合格,且被监控设备试运转合格后,应进行系统试运行,且试运行宜与被监控设备联合进行。

监控系统试运行应连续进行 120 h,并应在试运行期间对建筑设备监控系统的各项功能进行复核,且性能应达到设计要求。当出现系统故障或不合格项目时,应整改并重新计时,直至连续运行满 120 h 为止。

监控系统试运行应填写"试运行记录",且记录应符合现行国家标准《智能建筑工程质量验收规范》(GB 50339—2016)的规定。试运行后应形成试运行报告。监控系统试运行报告应包括系统概况、试运行条件、试运行工作流程、安全防护措施、试运行记录和结论,当出现故障或不合格项目时,还应列出整改措施。

六、建筑设备监控系统检测

建筑设备监控系统施工安装并调试完毕后,应进行全面的检测,检测应在系统试运行 1 个月后进行。检测内容主要是对建筑设备监控系统进行功能测试,评测系统性能,根据施工记录复核或抽查监控系统的安装质量、设备性能。建筑设备监控系统检测应包括空调与通风监控系统、给排水监控系统、变配电监测系统、公共照明监控系统、电梯和自动扶梯监测系统及能耗监测系统等。检测和验收的范围应根据设计要求确定。

(一)监控系统的检测准备

1.检测方案

监控系统检测前应编制检测方案,并应包括以下内容。

第一,工程名称和概况。

第二,检测依据。

第三,检测项目、抽样数量和检测结果的判定方法。

第四,检测仪器和人员配备。

第五,时间安排。

2.检测仪器

监控系统检测时使用的仪器设备应符合以下规定。

第一,应在计量检定或校准有效期内。

第二,测量范围应包含被检测参数的变化范围。

第三,精度应比设计参数的精度至少高一个等级。

第四,应满足工程现场环境的使用要求。

(二)监控系统的检测内容

建筑设备监控系统检测应包含以下内容。

第一,应检查系统功能与设计的符合性,并应按检测、安全保护、远程控制、自动启停、自动调节和管理功能等类别分别检测。

第二,安全保护和管理功能的内容应全部检测,其他监控功能应根据监控设备的种类和数量确定抽样检测的比例和数量。

第三,应检查安装的设备、材料及其随带文件与设计的符合性。

第四,应检查管线和现场设备的安装质量和安装位置。

第五,检测内容全部符合设计要求的应判定为检测项目合格。

1. 空调与通风系统

检测内容应按设计要求确定。

检测冷热源的全部检测参数,其中各种传感器和执行器应按总数的 10% 抽检,抽检数量应大于 5 只,总数少于 5 只时应全部检测;空调、新风机组的监测参数应按总数的 20% 抽检,抽检数量应大于 5 台,总数少于 5 台时应全部检测。

抽检结果全部符合设计要求的应判定为合格。

2. 给排水系统

检测内容应按设计要求确定。

给水和中水监控系统应全部检测;排水监控系统应抽检 50%,且不得少于 5 套,总数少于 5 套时应全部检测。

抽检结果全部符合设计要求的应判定为合格。

3. 供配电系统

检测内容应按设计要求确定。

对高低压配电柜的运行状态、变压器的温度、储油罐的液位、各种备用电源的工作状态和连锁控制功能等应全部检测;各种电气参数检测数量应按每类参数抽 20%,且数量不应少于 20 点,数量少于 20 点时应全部检测。

抽检结果全部符合设计要求的应判定为合格。

4. 公共照明监控系统

检测内容应按设计要求确定。

应按照明回路总数的 10% 抽检,数量不应少于 10 路,总数少于 10 路时应全部检测。

抽检结果全部符合设计要求的应判定为合格。

5. 电梯和自动扶梯系统

对电梯和自动扶梯系统应检测其启停、上下行、位置、故障等运行状态显示功能。检测结果符合设计要求的应判定为合格。

6. 能耗监测系统

对能耗监测系统应检测其能耗数据的显示、记录、统计、汇总及趋势分析等功能。检测结果符合设计要求的应判定为合格。

7. 中央管理工作站与操作分站

对中央管理工作站的检测应包括以下内容。

第一,运行状态和测量数据的显示功能。

第二,故障报警信息的报告应及时准确,有提示信号。

第三,系统运行参数的设定及修改功能。

第四,控制命令应无冲突执行。

第五,系统运行数据的记录、存储和处理功能。

第六,操作权限。

第七,人机界面应为中文。

对操作分站主要应检测监控其管理权限以及数据显示与中央管理工作站的一致性。中央管理工作站应全部检测,操作分站应抽检 20%,且不得少于 5 个,总数不足 5 个时应全部检测。检测结果符合设计要求的应判定为合格。

8. 建筑设备监控系统的实时性

检测内容应包括控制命令响应时间和报警信号响应时间。

应抽检 10% 且不得少于 10 台,总数少于 10 台时应全部检测。

抽检结果全部符合设计要求的应判定为合格。

9. 建筑设备监控系统的可靠性

检测内容应包括系统运行的抗干扰性能和电源切换时系统运行的稳定性。

应在系统正常运行时,启停现场设备或投切备用电源,通过观察系统的工作情况进行检测。

检测结果符合设计要求的应判定为合格。

10. 建筑设备监控系统的可维护性

检测应用软件的在线编程和参数修改功能。

检测设备和网络通信故障的自检测功能。

应通过现场模拟修改参数和设置故障的方法检测。

检测结果符合设计要求的应判定为合格。

此外,还应对建筑设备监控系统的性能进行评测。检测内容应包括控制网络和数据库的标准化、开放性,系统的冗余配置,系统可扩展性,节能措施。检测方法应根据设备配置和运行情况确定。检测结果符合设计要求的应判定为合格。

七、建筑设备监控系统验收

(一)监控系统验收条件

建筑设备监控系统可独立进行分部分项工程验收,竣工验收应在系统正常连续投运时间超过 3 个月后进行。

监控系统验收应具备以下条件,才能进行验收。

第一,按经批准的工程技术文件施工完毕。

第二,完成调试及自检,并出具系统自检记录。

第三,分项工程验收合格,并出具分项工程质量验收记录。

第四,完成系统试运行,并出具系统运行报告。

第五,系统检测合格,并出具系统检测报告或系统检测记录。

第六,完成技术培训,并出具培训记录。

(二)监控系统工程验收

建筑设备监控系统验收工作应填写"分部(子分部)工程质量验收记录表",且记录格式执行现行国家标准《智能建筑工程质量验收规范》(GB 50339—2016)的规定。

1.验收组织

建筑设备监控系统的相关建设单位应组建验收小组进行验收。验收小组根据工程的特点、性质、要求等确定验收标准和验收内容:验收小组的总人数应为单数,应选定组长和副组长,验收小组中专业人员的数量应大于总人数的 50%。建设单位项目负责人,总监理工程师,施工单位项目负责人、技术负责人、质量负责人,设计单位工程项目负责人等,均应参与工程验收。验收小组应对工程实体和资料进行检查,并做出正确、公正、客观的验收结论。

2.验收内容

验收小组的工作应包括以下内容。

第一,检查验收文件。

第二,抽检和复核系统检测项目。

第三,检查观感质量。

3.验收文件

验收文件应包括以下内容。

第一,竣工图纸。

第二,设计变更和洽商。

第三,设备材料进场检验记录及移交清单。

第四,分项工程质量验收记录。

第五,试运行记录。

第六,系统检测报告或系统检测记录。

第七,培训记录和培训资料。

(三)监控系统验收结论

建筑设备监控系统验收结论与处理应符合以下规定。

第一,验收结论应分为合格或不合格。

第二,验收文件齐全、复核检测项目合格且观感质量符合要求时,验收结论应为合格,否则应为不合格。

第三,当验收结论为不合格时,施工单位应限期整改,直到重新验收合格;整改后仍无法满足设计要求的,不得通过验收。

第三节　建筑节能在监控系统中的构建应用

一、建筑设备监控系统与节能

相关研究表明,在建筑设备全年能耗中,空调与通风系统能耗约占 50%,照明系统约占 25%。建筑节能分为建筑设备节能和建筑围护节能两部分。在空调采暖能耗中,外围护结构占 25%~50%。由此可见,空调与通风系统、照明系统、建筑围护结构具有巨大的节能潜力,有极大的研究价值。建筑工程中除常见的节能设备外,科学管理建筑设备也能起到节能降耗的作用。建筑设备监控系统范围广泛,本节主要以空调与通风系统的节能为例展开论述。

二、建筑设备监控系统的节能原理

以某空调机组为例,该空调机组采用四管制恒风变水量控温控湿全空气调节机组的建筑设备监控系统监控,在实际中可根据具体情况取舍,如新风机组就是没有回风装置的空调机组。空调机组监控系统的监控内容和监控方式如表 5-3-1所示。

表 5 - 3 - 1　　建筑设备监控系统监控功能分析

监控内容	监控方式
回风温度控制	冬(夏)季调节然(冷)水阀开度,确保回风温度为设定值
回风温度控制	加湿阀自动控制开闭,确保回风温度为设定值
过滤器堵塞报警	当空气过滤器两端压差过大时,提醒清扫
机组定时启停控制	根据设定的时间,机组定时启停
连锁保护控制	风机停止后,电动调节阀、电磁阀自动关闭
重要场所环境控制	设置湿度测点,根据温、湿度直接调节空调机组冷热水阀

定风量空调系统节能主要通过新风和回风混风管道中安装的风温度传感器将测量的温度传递给 DDC 控制器。DDC 控制器根据实际温度与设定温度值的偏差调整空调机组表冷器的供回水阀门的开度,调节供回水的流量,使回风温度保持在稳定的范围内,保证室内温度的舒适性。

变风量空调系统通过改变送风量来控制室内温度,送风温度不变。空调机组表冷器的供回水阀门开度不变,通过变频调速改变送风量,即利用送风机转速改变风量,实现空调系统的节能。

三、建筑节能化在建筑设备监控系统中的应用

通风空调系统中应用建筑设备监控系统,不但可以控制工艺过程,还可以在使用维护管理方面实现节能,主要表现在以下几方面。

(一)开关机操作

普通通风空调系统中,需要人为控制开关机。以中型办公建筑为例,一般需要设置几十台或上百台通风空调系统,每天上班时打开,下班后关闭,且机组分布在建筑中的不同位置。假设建筑中有 75 台机组,两名管理人员专门负责开关机管理,以 3~5 mm 开一个机组计算,全部打开需要 2 h,全部关闭也需要 2 h,每天开关机需要耗费大量时间,而直接控制总闸会对电网产生极大影响。为满足办公需要,在实际中还需要提前开启延后关闭,这又造成了电能浪费。在建筑设备监控系统中,管理人员只需坐在系统前,通过鼠标点击即可完成全部机组的开关机操作,还能根据办公时间设置定时开关机,不仅降低了管理人员的工作强度,还减少了电能浪费。

(二)冷热负荷调节

普通通风空调系统需要人工调节,因此,不能实时掌握系统运行负荷的动态。一般来说,管理人员在开机之后不会再进行调节,机组时刻处于全负荷运行状态,造成大量电能浪费。在建筑设备监控系统中,通过冷热供回水阀和通风阀实时监测温度和风量,使机组能根据需求调整冷热负荷,保证室内温度和风量的适宜,并达成节能降耗的目的。

(三)舒适性调节

普通通风空调系统为人工调节,不能实时保证室内环境的舒适性。而在通风空调系统中设置建筑设备监控系统,就能实现实时调节,保证室内环境舒适性。当室外温度降低时,能适当提高室内温度,而当室外温度升高时,又能适当降低室内温度,使室内环境始终处于相对恒温的条件,从而达成节能降耗的目的。

(四)运行围护管理

普通通风空调系统要求管理人员具有较高的技术水平,并且需要大量管理人员进行日常检修,以便能及时发现设备故障并进行维修,运行维护工作量大且效率低。建筑设备监控系统也要求管理人员具备高超的技术水平,但所需的管理人员数量较少。管理人员可通过监控系统及时发现设备故障并进行维修,还可设定定时自动检修。建筑设备监控系统初期成本较高,但运行维护管理成本低,有利于建筑设备监控系统的可持续发展。

第六章　通信网络研究

第一节　通信网络系统

一、通信网络的概念

随着通信技术应用于智能建筑,智能建筑通信网络系统(CNS)得以形成,用以实现建筑物或建筑群内信息获取、信息传输、信息交换和信息发布,它是实现智能建筑通信功能和建筑设备自动化、办公自动化的基础。智能建筑通信网络系统通过多种通信网络子系统和相应的各种通信技术对来自智能建筑内外的语音、数据、图像等各种信息进行接收、存储、处理、交换和传输等,为人们提供满意的通信和控制管理的需求。

通信网络是一种通信体系,由节点和连接节点的传输系统组成,能够按照约定的协议或者信令完成任意用户之间的信息交换。用户可以利用通信网络突破时间和空间的限制,更加简单高效地交换信息。

通信网上任意两个用户间、设备间或一个用户和一个设备间均可进行信息的交换。通过通信网络能够交换的信息包括用户信息、控制信息和网络管理信息三类。

二、通信网络的构成要素及类型

实际上,通信网络这个通信系统是由软件和硬件按照特定的方式构成的,用户之间通信的完成需要软件和硬件之间的相互配合。

通信网络的硬件包括终端节点、交换节点、业务节点和传输系统,它能够完成通信网络接入、信息交换和信息传输,这三种功能是通信网络的基本功能。

通信网络的软件包括信令、协议、控制、管理、计费等,能够完成控制、管理、运营和维护的功能。

(一)通信网络的构成要素

1.终端节点

通常来说,终端节点包括电话机、电子传真机和电子计算机等。以下是终端节点的主要功能。

第一,用户信息的处理。终端节点的用户信息处理包括发送用户信息、接收用户信息,对用户信息进行转换,使之适合传输系统的传输。

第二,信令信息的处理。终端节点的信令信息处理主要包括产生和识别连接建立、业务管理等所需的控制信息。

2.交换节点

交换节点在通信网络的众多设备中处于核心位置,电话交换机、分组交换机、路由器等都属于交换节点。交换节点能够集中并转发终端节点产生的用户信息,但交换节点不会产生用户信息,用户信息对交换节点来说也不具有使用价值。

通常情况下,交换节点由各类用户接口和中继接口共同组成。交换节点的最主要的功能是用户业务的集中和接入。此外,交换节点还具有交换功能、信令功能和其他控制功能。交换功能是指从入线到出线的数据交换,一般由交换矩阵完成;信令功能是指负责呼叫控制和连接的建立、监视、释放等;其他控制功能是指更新并维护路由信息和路由信息的计费等。

3.业务节点

业务节点包括智能网中的业务控制节点(SCP)和智能外设等。业务节点一般由连接到通信网络边缘的计算机系统和数据库系统组成。

业务节点的主要功能包括执行并控制独立于交换节点的业务、控制交换节点的呼叫建立、给用户带来智能化的服务体验。

4.传输系统

传输系统由线路接口设备、传输媒介、交叉连接设备等硬件共同组成。在设计时就确定了提高线路使用效率的目标,因此,传输系统多使用多路复用技术。

5.业务网

业务网能够为用户提供通信业务。业务网主要由网络拓扑结构、编号计划、信令技术、业务类型和服务性能保证机制等技术要素组成。交换节点设备是其核心要素。

6.传送网

传送网独立于具体业务网,传送网一般由传输介质、复用体制和传送网节点技术等构成。

传送网具有按照需要为交换节点和业务节点之间的连接分配电路、为节点之间的信息传输提供透明的传输通道、电路调度以及交换等功能。

传送网的粒度很大,如光传送网中的基本交换单位是一个波长,远远大于同步数字体系(SHD)中的基本交换单位。这是由传送网节点的基本交换单位面向中继方向造成的。传送网节点之间的连接则主要是通过管理层面来指配建立或释放的,每一个连接需要长期维持和相对固定。

7.支撑网

支撑网能够为业务网的正常运行提供其所需要的信令、同步、网络管理、业务管理和运营管理等功能,以达到为用户带来满意的服务体验。支撑网包括以下三部分。

第一,同步网。同步网是通信网中最底层的网络,它能够实现网络节点设备之间和节点设备与传输设备之间信号的时钟同步、帧同步以及全网的网同步。

第二,信令网。信令网在逻辑上独立于业务网,它能够传送网络节点之间的控制信息流。这些信息流既包括与业务有关的控制信息流,又包括与业务无关的控制信息流。

第三,管理网。管理网能够借助于监控近时的业务网运行情况和实时的业务网运行情况,使用各种手段提高网络资源利用率,为通信服务提供质量保障。

(二)通信网络的类型

通信网络有多种分类方式,按照不同的分类方式可以将其分为不同的类型。

将通信网络的业务类型作为分类标准可以将通信网络分为电话通信网、数据通信网和广播电视网等。

将通信网络的空间、距离和覆盖范围作为分类标准可以将通信网络分为广域网、城域网和局域网。

将通信网络的信号传输方式作为分类标准可以将通信网络分为模拟通信网和数字通信网。

将通信网络的运营方式作为分类标准可以将通信网络分为公用通信网和专用通信网。

将通信网络的通信终端作为分类标准可以将通信网络分为固定网和移动网。

按传输媒介分为有线网和无线网。

按通信性质分为业务网、传输网和支撑网。

三、通信网络的拓扑结构

通信网络的拓扑结构是通信网络中节点之间的连接方式。普通的拓扑结构有网状网、星形网、复合型网、总线型网和环形网等。

(一)网状网

网状网中的节点需要完全相互连接,网内任意两个节点之间均用直达线路连接。如果网状网中有 N 个节点,则需要有 $N(N-1)/2$ 条传输链路使这些节点完全连接。

网状网具有线路冗余度大、网络可靠性高、网络中任意两个节点可以实现直接通信的优点,但也具有线路利用效率低下、网络成本高的缺点。此外,由于网状网中的节点需要完全相互连接,增加节点就需要增加线路将这个节点与原有节点连接起来,网状网还有扩容不方便的缺点。鉴于这些优缺点,在节点数目少、网络可靠性要求高的情况下一般使用网状网。

(二)星形网

星形网也叫辐射网,相比于网状网,星形网增加了中心转接节点,星形网上的其他节点需要与中心转接节点连接。如果星形网上有 N 个节点,则需要 $N-1$ 条传输链路将这些节点与中心转接节点连接起来。

星形网具有传输线路成本低、线路使用率高的优点,但星形网也具有可靠性差的缺点。如果星形网的中心转接节点出现问题或者转接能力不强,那么整个星形网的通信就会受到影响。一般情况下,在传输链路的成本比转接设备的成本高、对通信网络可靠性要求不高的情况下,常常使用星形网,以达到降低通信网络建设成本的目的。

(三)复合型网

复合型网是在网状网和星形网基础上复合而成的。复合型网将星形网作为基础,在业务量大的转接交换中心之间使用网状网结构。因此,复合型网具有较好的稳定性,并且建设成本比较经济。在现阶段规模比较大的局域网和电信骨干网络中多使用复合型网络。

(四)总线型网

总线型网是一种共享传输介质型网络。在总线型网络中,所有节点都需要和总线连接,任何时间都只能满足一个用户使用总线发送数据或接收数据。

总线型网具有传输链路需求量小、网络上的节点之间不需要转接节点、控制方式简单、节点增减便利的优点。但总线型网也具有稳定性较差的缺点。

总线型网的节点不宜过多,覆盖范围较小。计算机局域网和电信接入网多使用总线型网。

(五)环形网

环形网中的节点通过首尾相连的方式组成一个环形。如果环形网中有 N 个节点,则需要 N 条传输链路。环形网有单向环和双向环两种。

环形网具有网络结构简单、实现方式容易的优点,双向自愈环结构还能够自动保护网络。但环形网在网络上的节点较多时,不能控制转接延时。同时,环形网还存在结构不好的缺点。

现阶段的计算机局域网、光纤接入网、城域网、光传输网等网络中普遍使用环形网。

四、传输介质

传送网具有为业务网提供业务信息传送手段的功能,它能够连接节点,并具有为业务网提供任意两点之间信息的透明传输功能,同时也具有为业务网提供带宽的调度管理、故障的自动切换保护等管理维护功能。

传送网也叫基础网,它由传输线路和传输设备组成。传输介质是指信号传输的物理通道。

传输介质可分为两种:一种是有线介质,在这种传输介质中,电磁波信号会沿着有形的固体介质传输。常见的有线介质有双绞线、同轴电缆和光纤等。另一种是无线介质,在这种介质中,电磁波信号通过地球外部的大气或外层空间进行传输。大气或外层空间不会制导电磁信号。因此,无线介质传输是一种自由空间传输。

信息的传输实际上是信息以信号的形式在传输介质中传播,信号包括电信号和光信号。传输信号的质量和通信网络技术的基础传输介质的特性决定了信息传输能否成功。

五、多路复用技术

根据传输介质上信号的复用方式的不同,可以将传输系统分为基带传输系统、频分复用(FDM)传输系统、时分复用(TDM)传输系统和波分复用(WDM)传输系统。

(一)基带传输

基带传输是指在短距离内直接在传输介质传输模拟基带信号。

基带传输具有线路设备简单的优点,但它对于传输媒介的宽带利用效率较低,故而长途线路不适合使用基带传输。

基带传输多应用于传统电话用户线和局域网。

(二)频分复用

频分复用是将多路信号经过高频载波信号调制后在同一介质上传输的复用技术。这种技术要将各路的信号调到不同的载波频段上,并且要确保各个频段之间有一定的间隔。

频分复用传输系统传输的信号是模拟信号,而所需的模拟调制解调设备成本高且体积大。频分复用传输系统的工作稳定性较低。另外,计算机不能直接对模拟信号进行处理,传输链路和节点之间模/数转换过多会使传输质量受到影响。现阶段的微波链路和铜线介质多采用频分复用技术,光纤介质上的波分复用也是指这种技术。

(三)时分复用

时分复用是将模拟信号经过调制后变为数字信号,然后对数字信号进行时分多路复用的技术。

时分复用传输系统中的多路信号采用时分的方式共同使用一条传输介质。在这种方式下,各路信号在自己的时间段内能够完全占用传输介质的整个宽带。与频分复用传输系统相比,时分复用传输系统能够将数字技术的全部优点加以利用。时分复用传输系统的优点是差错率低、安全性能好、数字电路的集成程度高、宽带利用率高。

现阶段,准同步数字体系(PDH)和同步数字体系(SDH)使用这种传输体系。

(四)波分复用

事实上,波分复用是一种光域上的频分复用技术。波分复用能够把光纤的低损耗窗口分为多个信道,各个信道使用不同的光波频率。发送端的波分解复用器把波长不一样的光载波信号合并在一起,送入光纤进行传输。接收端的波分解复用器在收到合并在一起的光载波信号后再将其分开。

可以将波长不一样的光载波信号视作是相互独立的,同一个光纤可以进行多路光信号的复用传输。一个波分复用系统能够承载不同格式的业务信号。

波分复用系统能够完成透明传输,从"业务"层信号的角度来看,波分复用的波长和"虚拟"的光纤是一样的。

第二节　通信网络系统施工技术

一、系统构成及应用

通信网络系统是智能建筑中普遍应用的智能化系统,包括通信系统(电话交换系统、会议电视系统及接入网设备)、卫星数字电视及有线电视系统、公共广播系统与紧急广播系统等。

现代通信网络由用户终端、服务器、调制解调器(Modem)、复用路由交换设备和网络安全设备等部件构成。这些部件中的一部分连接在一起以交换信息和共享资源时,就构成了网络系统。网络分为专网和公共网、广播网和交换网、广域网和局域网等。各种网络具有不同的拓扑结构和不同的网络协议,并依赖于不同的传输介质。

(一)智能建筑的接入方式

智能建筑的通信网络系统既要保证建筑内用户的各种应用业务,又要与外部进行信息交换。因此,通信网络系统的接入网系统和接入方式的选择是智能建筑通信网络的重要组成部分。

1.电信运营商接入

电信运营商接入有两种方式:一种是电信运营商直接接入,即电信运营商提供最终用户的直接接入,包括电话网接入、ISDN 电信运营商接入和 ADSL 接入等;另一种是电信运营商在智能建筑中设立远端模块局或虚拟交换系统,使智能建筑楼宇或住宅(小区)构成电信运营商的一个业务组成部分。

2.专网接入

专网接入有两种方式:一种是智能建筑用户租用电信运营商的帧中继(RF)或数字数据网(DDN);另一种是智能建筑用户自建数据网络或 VAST 通信系统等。专网接入通常用于数据通信或 Internet 连接。

3.光纤接入

现代多媒体用户的接入网多为光纤接入网(Optical Access Network,OAN),即在接入网中用光纤来实现信息的传递。它不同于传统意义上的光纤传输系统,而是专门用作接入网的特殊光纤传输系统。

(二)智能建筑中的通信系统

1.程控交换机

智能建筑内部设立程控交换机,一般采用用户中继方式实现与电话局的连接,利用电话网程控交换机(PBX)9b 的带宽开展直拨电话通信业务,同时,通过交换机实现内部通话,其业务以模拟电话和传真为主,也可通过 Modem 实现数据通信。程控交换机由外围接口单元、交换单元控制系统、信令系统、网络连接设备及相关附属设备构成。

2.ISPRX 交换设备

ISPRX 交换设备主要用来支持 ISDN 业务,提供基群速率和基础速率(2B+D)端口。ISDN 是以电话综合数字网(DN)的概念为基础发展而成的网络系统,它可提供端到端的数字连接,实现对语音和非语音的多种业务支持,用户能够通过一组标准的多用途的用户/网络接口接入 ISDN 网络。我国现用的是窄带 ISDN 网(N-ISDN),提供 2×64 kb/s(2B+D)电路交换、设备交换和专线功能,使得一条线路可以代替多条 POTS 线路,这种接入方式在智能建筑实践中普遍被接受。一类终端(TEI)符合 ISDN 标准,可直接通过基群速率和基础速率接口接入模拟电话、G4 类传真机等;二类终端需要通过终端适配器(TA),变成 ISDN 标准后再接入,如计算机等数据终端设备。

3.卫星电视及有线电视系统

卫星电视系统是在一栋建筑物内或一组建筑群中,选择一个合适的位置安装一副或几副卫星电视天线,将接收的电视节目信号送入专业机房,经过解调、调制、混频、放大,并通过传输和分视系统分配网络将节目信号送到用户终端。还可以通过混频在输送的电视节目中加入其他内容(例如广告、自办节目、DVD),还可以接入有线电视节目,输送更好的节目。

4.公共广播系统

公共广播是智能建筑中传播实时信息的重要手段,就是将声源(录音、收音、传声器)通过放大传输到建筑物的各个区域,使得每个区域的人都能够在必要的时候听到信息。公共广播应具有消防广播和背景音乐双重功能,一是广播分区必须和消防广播一致,二是消防系统的传声器和消防录音、消防分区控制信号接入公共广播系统。公共广播系统应具备背景音乐、自动控制播放音乐、可分区控制输送不同的设备等功能,在发生紧急情况时(如火灾发生时),可根据消防系统的指令切换火灾层和上下一层的紧急广播。另外,公共广播系统还可根据同其他系统的联动,提供任何紧急事件的紧急广播。

5.用户接入网

常用用户接入网包括铜缆接入网、光纤接入网、无线接入网、混合光纤同轴网和高速光纤以太网等。

第一,铜缆接入网。铜缆接入网最常用的是非对称数字用户网,这是一种利用普通铜缆电话网实现宽带接入的技术,其传输速率为非对称的,即上行速率是640 Mb/s,下行速率为9 Mb/s。我国大部分 ADSL 业务可提供每一用户下行512 kb/s 的传输速率。铜缆接入网可提供电话业务、单向传输的影视业务和双向传输的数据业务。这些业务以无源方式耦合进入普通电话线内,ADSL 的传输距离一般为 300~1 400 m。

第二,光纤接入网。采用光纤作为主要传输介质的接入网被称为光纤接入网,主要目的是有效地解决铜缆接入网的通信瓶颈问题。光纤接入网又称 FT-Tx,其传输方式分为光纤到路(FTTC)、光纤到楼(FTTB),光纤到户(FTTH)和光纤到办公室(FTTO)等。光纤接入网又分为用无源光功率分配器(耦合器)传送信息的无源光网络(PON)和有源光网络(AON),在智能建筑中,由于传输距离不太长,无源光网络用得较多。无源光网络采用多种复用技术,如时分复用、波分复用、副载波复用(SCM)和码分复用(CDM)等,提高网络的使用效率。光纤接入网可提供电话业务、专线业务、ISDN 接入业务等。

第三,无线接入网。无线接入网的种类和方式很多,其中小口径卫星天线(VSAT)和点对点微波两种接入方式属专线接入方式,可支持视频通信、语音、传真、数据通信等。目前国内 VAST 和微波点对点通信设备主要用于数据通信业务。固定无线接入应与移动通信分开。主要包括无线 ATM 接入和符合IEEE802.3b.11 标准无线接入网。无线市话系统即"小灵通"(PHS),它是建立在电话网基础上的一种移动通信技术。"小灵通"采用建立多个"微蜂窝"基础,并用市话网连接成网络系统,每个蜂窝基站可覆盖几百米的范围。小区或大型智能建筑中建设"小灵通"网络,可形成内部移动通信网络,取代广播模式通信的对讲系统。这种网络的最大优点是通信费用低廉。

第四,混合光纤同轴网。这是一种混合宽带网络技术,该网络以光纤作为主干传输线。以同轴电缆组建用户分配网(HFC)在智能建筑中得到了较为广泛的应用。利用 HFC,可将原有的闭路电视系统(CATV)改造为既能提供原有的有线电视业务,又能实现 VOD,还可支持上网服务的宽带网络,带宽下行为 3 Mb/s,上行为 1.5 kb/s。

二、施工及安装

(一)施工准备

1.技术准备

技术准备包括熟悉国家相关的标准、规范、规程。完成专项施工方案的编制,并由主管领导审核批准,同时呈报给监理单位或建设单位。准备工程施工的图样,确保施工图样齐全。在工程施工之前,组织施工工作人员对施工图样、施工方案和专业设备的安装使用说明书进行熟悉和学习。同时,要有针对性地对作业工人进行技术交底,技术交底的具体内容要包括质量、环境和职业安全等。

设备安装之前要检查安装现场是否满足安装要求。通信机房的环境应符合《智能建筑工程质量验收规范》第 12 章的规定,机房安全、电源与接地应符合《通信电源设备安装工程验收规范》和《智能建筑工程质量验收规范》第 8 章、第 11 章的有关规定。通信网络系统线缆的敷设应符合的规则:光纤及对绞电缆应符合《智能建筑工程质量验收规范》第 9 章的规定;电话线缆应符合《城市住宅区和办公楼电话通信设施验收规范》的有关规定;同轴电缆应符合《有线电视广播系统技术规范》的有关规定。对于国家要求监督检查的系统(如卫星接收系统),应办理相应的报批手续和开工许可。

2.主要工具

施工工具包括手枪钻、冲击钻、电工组合工具、接头专用工具、安全带和梯子等。

测试工具包括场强仪、监视器、绝缘电阻表、量角仪、水平仪、线坠和小线等。

3.施工组织及人员准备

首先,技术人员应根据工程的具体情况编制施工组织计划,经主管领导审批,并报监理和建设单位审核、备案。其次,根据具体工程的难易程度编制专项施工方案。最后,根据工程的具体情况编制人员使用计划,报主管领导审批,并有针对性地安排施工人员或进行必要的培训。

(二)安装及调试

1. 电话及程控用户交换机

在施工活动展开之前要清点运送到施工现场的器材数目,并检查这些器材的外观,同时确认这些器材的规格和质量是否满足设计要求。

在器材的储存和运输过程中,要检查器材是否出现破损。如若发现器材的包装或外观有破损,应对其进行仔细检查。

对于有出厂证明的设备和器材,应根据出厂证明书上的内容仔细核对这些设备和器材是否符合现行的质量标准以及能否满足设计要求。禁止在工程中使用不符合质量标准或不能满足设计要求的设备和器材。主要设备,如数字程控交换机、数字数据节点机(DDN)、宽带接入设备(DSLAM、LAN、Switch3 等)、数字传输设备、电源设备等必须全部到齐,其他设备和材料不要求全部到齐,但其数量要能够满足连续施工的要求。在工程的施工过程中,禁止使用没有经过质量检验的器材和设备。关键性设备要具有强制性产品认证证书和标志或入网许可证等文件资料。

在施工活动开始之前,施工单位需要检查工程施工中涉及的所有器材和设备的规格、型号、数量和质量,禁止在工程中使用没有出厂检验证明材料或者不能满足工程设计要求的设备和器材。

保安接线排的保安单元过电压、过电流保护各项指标应符合《电信中心内通信设备的过电压过电流抗力要求及试验方法》,建议电信交换设备过电压和过电流能力(TUTK20)的光纤插座连接器的型号、数量和位置应与设计相符。

工程施工中使用的光纤插座要具有发射和接收的标志。

对绞电缆的电气性能、机械特性、传输性能及插接件的具体技术指标和要求应符合相关标准要求。

2. 电缆的检验要求

工程施工过程中使用的对绞电缆和光缆的规格和质量要能够满足工程的设计要求,同时要符合工程合同上的有关规定。

要保证工程施工中使用的电缆的标志和标签内容完整,包括电缆的生产厂名称、生产日期、电缆型号和盘长。电缆还应具有出厂检验合格证明。如果用户在工程合同中对电缆有明确的要求,还需要附有此批量电缆的电气性能检验报告。

电缆的电气性能的检测应使用抽样检测的方式,在此批量电缆中抽取任意一盘进行检测。

施工前要检查电缆和线缆的塑料外皮有无老化现象,同时检查其通电功能、断电功能和绝缘功能。

施工前要采用抽样检测的方式检测局内电缆、接线端子板等主要器材的电气性能。

在光缆开盘后要首先检查光缆的表面是否有破损,光缆端封装是否完整。根据光缆出厂产品质量检验合格证和测试记录,检查光缆的传输性能和物理性能是否都满足工程设计的要求。

3.程控交换机的安装

通信设备按功能分为交换设备和传输设备。程控交换机通常是模块式的,首先要在底座上安装机架,用螺栓对各个机架进行连接加固,并进行防震处理,然后再进行模块的安装和调试。不同的生产厂商生产的机架尺寸是不同的,传输设备通常采用上走线方式,需要使用大列架加固传输设备的上部并安装上部电缆走线架。

一般建筑物内的程控交换机相对比较简单,占地面积较小,常和操作台安装在一个房间,用玻璃墙隔开。技术水平越高、越先进的程控交换机占地面积越小,安装也比较简单。

4.电缆敷设要求

布放电缆时应按排列顺序、编码标记进行,以免交叉或操作过程中出现错误。布放电缆时应将木块涂上电缆外皮漆垫放在工程设计规定的预留空位上。布放电缆时应避免电缆扭纹和开绞。

布放的电缆应互相平行靠拢、无空隙、不交叉、不歪斜、排列整齐,线扣位置一致、标准。

电缆拐弯时,不能在横钢上转弯,以免造成捆绑困难。应将转弯部分选在邻近两个横钢之间,并力求对称。

电缆应布放平整,拐弯处应均匀圆滑、符合电缆的弯曲要求。电缆曲率半径,63芯以下的应不小于电缆外径的5倍。

5.电话插座与组线箱安装

电话插座与组线箱材料、设备要求电话出线面板的规格、型号应符合设计要求,有产品合格证及"CCC"认证标识,保证表面没有破损和划痕。

电话组线箱、分线箱的规格、型号要能够满足工程设计的要求,要具有产品合格证及"CCC"认证标识,并且不能有破损,组线箱型号、规格应符合设计要求,有产品合格证及"CCC"认证标识。

螺钉、螺栓、扁钢等应采用符合国家标准的合格产品。

组线箱的安装要牢固,安装在工程设计中要求的位置。

第三节　通信网络系统工程接地与防雷技术研究

一、接地工程

(一)接地的作用

1.保护人身安全

将电气设备在正常工作时不带电的金属导体部分连接到接地极之间做良好的金属连接,以保护人体的安全,防止人体遭受电击。

如果人体接触到绝缘受到损坏的电气设备的外壳,电流会通过人体形成电路,这种情况下人体会受到电击。如果电气设备装有接地装置,绝缘损坏后,接地电流会同时通过人体和接地极。这种情况下人体和接地极形成一种并联关系,每条电路通过的电流值和电路的电阻成反比。因此,接地极的电阻越小,通过人体的电流越小。一般情况下,人体的电阻是接地极电阻的几百倍,所以,人体通过的电流远小于接地极通过的电流。如果接地极的电阻非常小,人体通过的电流接近于零,人体就可以避免受到电击。

2.保障电气系统正常运行

通常情况下,电力系统接地是中性点接地。中性点接地的电阻很小,因此,中性点与地面之间的电位差接近于零。当相线外壳相互接触或相线接地时,其他两相对地电压在中性点绝缘的系统中将升高为相电压的$\sqrt{3}$倍,而在中性点接地系统中则接近于相电压。

因此,中性点接地能够促进系统的稳定运行,避免系统出现振荡,并且系统中的电气设备和线路只需要根据相电压考虑其绝缘水平,这样能够降低电气设备的制造成本和建设线路的成本。

3.防止雷击和静电的危害

雷击时会产生静电感应和电磁感应。燃料在生产过程中或运输过程中由摩擦引起的静电可能会引发雷击或火灾。

直击雷的危害远远大于感应雷,直击雷的发生概率也远远大于感应雷。为了避免受到直击雷的危害,要装设防雷装置。接地问题直接与智能建筑中电子设备是否正常以及人员是否安全和信息系统是否运行等一系列问题有关,这一问题如果得不到妥善地解决,将会使设备受到损坏,甚至会发生火灾,使人身受到电击的危害。

(二)接地分类

接地可以分为保护性接地和功能性接地两大类。其中,保护性接地是将保护人身安全和设备安全作为目的的接地,功能性接地是保证设备正常工作运转的接地。

1. 保护性接地

(1)保护接地。保护接地也叫安全接地,是为避免电气设备的绝缘破损或漏电时,正常情况下不带电的外露金属部分带电导致电击而将电气设备的外露金属部分接地。

这种接地方式能够在电气设备出现故障发生漏电时,避免人体接触到电气设备外壳发生危险。同时对于智能建筑中电子设备的供电接地(TN-S)系统来说,其中的 PE 线已经是真正的地线,就是保护接地即 PE 接地。对于保护接地而言,必须多次重复接地才是最安全的,从建筑物地下的等电压环中拉出,如为共用接地,每层楼房都有接地带可连接。有人把建筑内公共配电间的地线当作保护地线接入室内作地线是不安全的做法,因为有可能是 PEN 线(即零线与地线的混合线)。正确的做法是单独且真正去接地,如果不是塑料水管以及没有与塑料水表相连,接自来水管作为保护接地也是一种方法。

(2)防雷接地。将雷电导入大地,防止雷电流使人身受到电击或财产受到破坏。智能建筑中所布的综合布线不像强电那样是低阻抗的,更容易遭到感应雷的袭击。

高层建筑中受到雷击危害概率最大的部分是建筑中最突出的部分,侧击雷对这部分的危害也比较大。要防止高层建筑受到雷击危害,要在高处设防,同时注意防止侧击雷的危害。

根据高层建筑的特点,可充分利用高层建筑物的钢筋网作避雷网带、引下线及接地装置。高层建筑的突出部分受到雷击时,电流会通过防雷引下线和接地装置导入大地。这时防雷引下线产生很大的电压降,在这种情况下非屏蔽导体接近防雷引下线就会产生高电位,对感应的设备放电会使器件发生损坏,使用有屏蔽层的导线连接屏蔽层和防雷引下线,实现等电位连接。这样会使电流通过屏蔽层时,绝缘电位差是零,避免绝缘被击穿。这就要求高层建筑的电气设备的线路要使用钢管配线或铠装电缆及带有屏蔽层的电缆,也可以将普通导线架设在封闭的金属桥架中。

为使雷击电流的电位梯度下降,高层建筑中每三层要设置均压环,即使引下线与水平层的圈梁钢筋接成闭合通路。这能够使建筑物的钢筋连接成导电系统,再将其接到接地装置上,即可成为安装笼式防雷网。高层建筑防雷接地引下线是利用高层建筑结构内的钢筋,省了钢材,也节省了维护费。

防雷接地装置应使用等电位连接的方式实现共用接地。等电位是指将设备等外壳或金属部分连接到地线上,形成等电位体,避免人和设备受到伤害。

智能建筑中的核心机房对防雷接地有特殊要求,一是使用共用接地,即保护性接地和功能性接地共同使用一个接地装置,根据这些装置的电阻的最小值确定接地电阻;二是在静电地板下铺设等电位接地网格,电子信息系统机房内的电子信息设备应进行等电位连接,网格四周应设置等电位连接带,各种设备的接地通过等电位连接导体汇流排(铜排)汇接后与大楼接地网相连,即汇流接地。

等电位接地网格铺设的排布方式有 S 型、M 型和 SM 混合型三种方式。如果使用铜排作为网格,要保证等电位连接带铜排的截面积大于或等于 50 m^2,使用接地线将铜排连接到电子信息设备、金属管道金属桥架、建筑物金属结构上,但要注意长度不能超过 5 m。

很多施工单位在工程施工中的做法不能满足上述要求。检查组在检查工程项目时经常会发现只铺设了一根铜排,或是铜排的截面积不符合要求,或是不连接机柜的接地线。但智能建筑中核心机房的等电位连接是防雷工程中不可缺少的环节。防雷工程的建设不能有任何疏漏。因此,防雷单位在方案设计中必须提出等电位连接措施。

(3)防静电接地。防静电接地的目的是使静电荷流入大地,避免积聚起来的静电危害人体和设备的安全。

储油罐、天然气储罐和管道等极其容易因静电而引发爆炸。现代电子设备中使用了大量的集成电路,集成电路很容易因静电作用而出现问题,因此,需要使用静电接地避免集成电路的损坏。

机房防静电的问题不能仅通过在机房中铺设防静电地板或防静电地毯解决。在机房铺设防静电地板或防静电地毯仍需要处理静电问题,以求获得更好的防静电效果。

防静电接地处理多使用爪钉、环形端子、母扣、鳄鱼夹等器件,在地板的铜箔铺设到墙边时,汇集几个点接到接地线上(3~5 个点最佳,防止在使用中有的点断开);接地线的另一端要连接一个接地柱,接地柱的下埋深度不应小于 50 cm,这样才能使地板起到释放静电的作用。

(4)防电蚀接地。防电蚀接地与智能建筑关系不大,其主要目的是保护电缆与金属管道。在地下埋藏金属体作为牺牲极或阴极,可以有效避免电缆或金属管道等受到电蚀的危害。

2.功能性接地

(1)工作接地。工作接地是将变压器的中性点接地。工作接地具有使系统电位保持稳定的作用,即减轻低压系统由一相接地、高低压短接等所产生过电压的危险性,并且能够使绝缘避免被击穿。

在建筑物内基本采用 TN-S 方式供电系统。这种供电系统严格区分了工作零线 N 和专用保护线 PE,其安全性更高。工业建筑和民用建筑等低电压供电系统适合使用这种系统。在建筑工程开工前的"三通一平"(电通、水通、路通和地平)必须采用 TN-S 方式供电系统。电源从变压器而来,只有三相也就是三相六条线,把三个末端连接在一起作为公共端,即中性线或零线,又称 PEN线。为了减少成本,采用四条线传输,即以前的三相四线制或现在的 TNC 方式供电。在进入建筑物的配电箱的配电开关前,PEN 线一分为二,变为 PE 线(保护线或地线)与 N 线(零线或中心线)分别接各自的铜母排,供电方式从 TN-C 变为 TN-S,除了三根相线外还有零线和地线。这从全过程来看应该是 TN-C-S方式。

这里最关键的就是交流接地或工作接地,电源线的中性线接地应连在建筑物地下的等电环上,但其与防雷接地的连接点距离至少不小于 20 m。接地系统与防雷接地系统共用接地体时,接地电阻值不应大于 1Ω。这里一再强调 N 线即零线不能再接地,而 PE 线即地线建议重复接地。

(2)屏蔽接地和防静电接地。屏蔽接地是将电磁干扰源引入大地,减少电子设备受到外来电磁干扰的影响,同时也能够减少电子设备受到其他电子设备产生的电磁干扰的影响。

通常情况下,将设备外壳作为屏蔽体接地被称作屏蔽接地,屏蔽接地和防静电接地的主要作用是减少智能建筑中的电磁辐射和电磁干扰。

智能建筑中的高频率通信设施日益增多,解决抗干扰问题显得尤为重要。由于机房要保持干燥的环境,故而十分容易产生静电,使电子设备受到干扰,因此要采用防静电接地。

屏蔽接地和防静电接地的一般施工内容是从智能建筑中的等电位铜排中引出 PE 弱电干线,再在智能建筑的每一层铺设弱电等电位铜排,电子设备的外壳、金属管路及防静电接地均与等电位铜排相接。

(3)直流接地。对于什么叫直流接地,国家标准中并没有有关说明,但业内有两种说法,一种是把逻辑接地和其他模拟信号系统的接地都叫作直流接地,另一种是把直流供电的电源接地叫作直流接地。第一种说法中的接地是把机房的直流接地和屏蔽接地连接起来。第二种说法中的接地是用绝缘导线拉到接地体后再连接,在机房内是绝缘的。

(4)信号接地。信号接地的主要目的是使信号具有稳定的基准电位,如仪器和控制设备以及传感器等,这些设备工作时需要确定信号的参考点。

信号接地十分重要,它能够影响到电子设备和计算机控制系统的工作情况。信号接地属于特殊的工作接地,其接地方式要根据具体要求的不同采用不同的方式。

(三)接地方式

1.共用接地

共用接地也叫联合接地或综合接地。共用接地是指建筑物中的基础接地和专设接地相互连接,组成共用地网,并令电子设备的工作接地、保护接地、逻辑接地、屏蔽接地、防静电接地以及建筑物防雷接地等共用一组接地系统的接地方式。

通常情况下,共用接地是一种综合接地。目前,无论是国内标准还是国外标准,都不推荐信息设备使用单独的接地装置,而建议使用共用接地系统。例如,2010 版的国标《建筑物防雷设计规范》中明确指出"防雷电感应的接地装置应与电气和电子系统的接地装置共用",《建筑物电子信息系统防雷技术规范》中也明确指出"防雷接地应与交流工作接地、直流工作接地、安全保护接地共用一组接地装置",其接地装置的接地电阻的确定要以接入设备中要求的最小值为依据。

这种做法能够使接地电阻小于 1Ω。此外,在遭遇感应雷时,金属体的电位上升,与它等电位连接的设备的电位也会上升,因而能够防止产生电位差使电子设备受到损坏。

共用接地的具体做法是建立共用接地网。共用接地网是智能建筑中的防雷设备、电力设备、安全设备和计算机共同使用的接地网,可实现防雷接地、交流接地、保护接地与直流接地这四种接地。共用接地网的上部是智能建筑顶部的避雷装置,中间部分是智能建筑的钢筋,每隔三层需要安装等电位连接环,每个等电位连接环的垂直距离不超过 12 m,每个等电位连接环上至少有两条扁钢引下线去接地。

共用接地还需要设置垂直接地汇总线和水平接地汇总线。其中,垂直接地汇总线是地接的主干,连接智能建筑中每层的钢筋和引下线,同时连接水平接地汇总线。水平接地汇总线的设置需要分层,不能使用裸导线。水平接地汇总线是等电位连接线,各房间的保护接地等应就近接入水平接地汇总线。

以机房为例,由于机房中的设备多为精密设备和贵重设备,机房的防雷工作显得更加重要。机房防雷的一般做法是在机房四周铺设 4×40mm 的不闭合的铜排,最好选择 S 型或者 M 型的铜排。使用绝缘子作为支撑,将机房内所有的设备外壳的屏蔽地、机架、门窗、静电地板、电源的 PE 保护地线与防静电地等全部通过接地线汇总到铜排上。

智能建筑的地下部分属于环形接地,其与引下线、钢筋焊接固定,该接地体至少下挖 2 m 以上,打入 2.2 m 长的紫铜体,每间隔 5 m 设置一个接地体,使用扁钢将这些接地体连接起来,构成环形接地体。再在该接地体上连接交流接地,交流接地是指将零线和智能建筑地下部分的环形接地连接。还可以在距离防雷接地的引下线 20 m 的位置将直流接地和环形接地体连接,中间不连接屏蔽接地和保护接地,并且各种接地不能相互连接。

2.单独接地

单独接地就是要求电子设备单独接地,旨在避免设备受到电网中杂散电流或暂态电流的影响。之前为了减小这种影响,又由于采用电子管时交流声大,一般都采取电源与通信接地分开的办法。也有直流接地使用单独接地的方式,但这种方法没有得到广泛应用。

3.直流接地

直流接地的方法有很多种,如在机房连接屏蔽接地的做法,其中的串联接地是将信息系统中各个电源的直流接地以串联的方式接在作为地线的铜板上。需特别注意的是,连接导线要和机壳绝缘,即不能连接保护接地,然后将直流地线的铜板通过绝缘的接地母线接在环形接地体上,成为直流接地。

二、防雷接地系统

智能建筑能够将建筑中的设备和服务按照住户的要求进行合理组合,为住户提供舒适的居住环境。

智能建筑中集合了众多的现代建筑科学技术。因为智能建筑具备的功能比较多,所以智能建筑要求配备配置高的系统,特别是要配备能够避免自然雷击危害的系统。智能建筑对防雷系统的整体设计要求较高,雷击时通常会有电磁场产生,因此,智能建筑中的防雷设计系统还需要具备防电磁场干扰的功能。

电磁场产生的感应会干扰智能建筑中的电气设备和通信信号的正常工作,使电气设备发生短路,甚至烧坏电气设备。为降低雷电电流给电气设备带来的危害和雷电电流给通信信号带来的干扰,可以在智能建筑中安装防雷接地系统。防雷接地系统能够实现分流,将雷电电流导入大地。科学的防雷接地系统设计对于智能建筑来说非常重要,它能够保护人和设备的安全。

(一)防雷措施

1. 外部防雷措施

(1)接闪器。智能建筑的外部防雷措施的首要举措是接闪器。接闪器是智能建筑外部防雷中最基本的举措。可以将智能建筑的特征和防雷等级作为选择依据,选择适合的避雷针、避雷网或者避雷器。如果智能建筑上有突出的金属部分位于接闪器的保护范围之外,可以将这些金属部分与接闪器接成一个整体,形成整体的导电系统。

(2)引下线。智能建筑的外部防雷的第二个措施是引下线。引下线上连接闪器,下接接地装置,属于防雷部件的中间部分。在施工过程中最好选择将智能建筑钢筋混凝土内的对角主筋作为引下线。如果将智能建筑中的消防梯作为引下线,则每座智能建筑中的引下线不能少于两条,并且要将防雷部件之间连成电气通道。

(3)接地装置。智能建筑的外部防雷的最后一个措施是接地装置。使用智能建筑中的柱子和内部钢筋作为接地装置被称为基础接地体,这种方式叫作基础接地。基础接地不需要特殊的保养,有经济、美观、使用时间长的优点。

如果基础接地的表面没有防水层,则可以将智能建筑内部的钢筋作为接地装置。但如果这些钢筋的基础部分被防水材料包围或表面涂有防水层时,不能将其作为接地装置,这种情况下需要在基础槽周围安装环形接地装置,并与基础里面的钢筋作可靠连接。

2. 内部防雷措施

(1)屏蔽。智能建筑的内部防雷措施的首要举措是屏蔽。屏蔽的目的是使智能建筑中的电子设备避免受到雷电磁脉冲辐射的干扰。实施屏蔽技术需要使用金属网或金属壳等导体保护电子设备,阻隔雷电磁场从空间进入通道,阻挡和减弱电子设备上存在的电磁干扰或者过电压能量。

屏蔽措施可以分为三种,分别是建筑物设备屏蔽、线缆屏蔽和管道屏蔽。可以根据防雷设备的要求选择屏蔽措施的方式。对于三种措施的屏蔽效果,则需要看初级屏蔽网的减弱程度,然后再看屏蔽对于外界电磁波的反射或吸收的损耗程度。

(2)等电位的连接。智能建筑的内部防雷措施的第二个举措是等电位的连接。在智能建筑上安装避雷器会使磁场发生变化,导致相邻的电压线上感受到过电压。因此,智能建筑在防雷过程中可能会引入雷电,给电子设备造成损坏。

为保护电子设备,要建立等电位连接,减小电位差。等电位连接的主要目的是使智能建筑内部电位和周围的电位保持基本相等,使得电子设备和整个系统以及建筑物里面的导电部分有一个相等的电气连接,以减少各个金属部位之间的电位差。

(3)安全距离。智能建筑内部防雷措施的最后一个举措是安全距离。为使智能建筑的内部防雷措施充分发挥作用,需要使屏蔽设备和信息设备之间的距离满足安全距离的要求。

3.过电压保护措施

过压保护包括放电、信号的隔离、开路或者短路等多种方式。现代智能建筑中应用最广泛的过电压保护措施是开路和短路。

过电压保护的实现一般要借助于电气设备上的电涌保护器。常用的电涌保护器有氧化锌压敏电阻、气体放电管和瞬态抑制二极管等。

电涌保护器的安装位置需要特别注意,第一级电路开关型电涌保护器的线路由室外引入,通常安装在电源进线的位置;第二级限压型电涌保护器通常用来保护后续带电盘,通常安装在电压较小的配电箱或需要限制暂态过电压等设备的配电箱中;第三级电涌保护器主要用来保护对瞬态过电压进行限制的电子设备,通常安装在这些电子设备的插座箱中。

(二)解决防雷接地技术问题的措施

1.对地电位反击问题所采取的措施

影响地电位反击的因素有很多,可以从以下两方面考虑。

(1)确保设计合理的安全距离。为避免出现地电位反击问题,要保证金属结构的接地装置和其他设备之间的距离满足安全距离的要求,避雷系统或者防雷引下线中间要保留安全间隔。同时,要保证防雷接地网和其他接地装置之间的距离满足安全距离的要求。否则,要将二者整合为同一个共用接地系统。

(2)在电气设备的电源供电线上安装电涌保护器或电源隔离变压器。这样能够保证从高电位引入瞬间的电压均匀化。由于电源隔离变压器的成本更加低廉,因此它在防地电位反击中最常用。

2.对变压器损坏问题所采取的措施

避免变压器损坏有很多方法和措施,其中应用最广泛的方法是保证避雷设备的连接线在满足避雷的前提下尽可能短。此外,在变压器的高压端或者高压端绕组增加安装电抗线圈,能够防止雷电电流对变压器装置产生降压现象。

(三)防雷技术应用

1.防雷产品的分类

防雷产品主要由电气放电管、压敏电阻晶闸管、高低通滤波器等元件根据不同频率、宽带、电流等使用要求组合成电源线、天馈线、信号线系列浪涌保护器(SPD),将 SPD 安装在微电子设备的外连线路中,从而将雷电过电压、过电流泄放入地,真正起到保护设备的目的。国内外防雷产品的电路原理基本相同,使用的器件基本相同,只是外观和工艺不同。

防直击雷产品主要是各类避雷针装置,包括优化避雷针、提前接闪(ESE)避雷针、普通避雷针、双极性空间电荷放电型避雷针等。

防雷电感应产品包括电源线、天馈线、信号线系列浪涌保护器(SPD)。

接地产品包括接地模块、电解质接地棒、金属块状接地极等。

国内防雷市场上销售的产品主要有法国、德国、美国、英国等国家的产品以及我国中光等公司生产的防雷产品。

2.弱电系统防雷工程

现代防雷技术要求实施系统防雷工程,以实现全方位、立体化的防雷目的。因此,为保证弱电系统设备的安全和正常运行,必须在防直击雷系统完善的基础上采取完善的防雷电感应措施(电源、信号)、均压等电位措施合理化布线,即实施系统防雷工程。

(四)防雷工程

1.雷电远点袭击电力线

当雷害发生,在雷电未击穿大气时,将呈现出高压电场形式。雷击高压电场能够凭借静电吸收原理朝着大地方向运动。雷电电流首先通过电力线,然后导入大地进行释放,从而击穿设备。

在高压线上的具体表现是击穿变压器的绝缘。当变压器的低压端和负载的连线遭到雷击时,电气设备会受到损坏。

变压器的低压输出端有五条线,分别是一条地线、一条零线和三条相线。当零线和地线合为一条线时,变压器系统会变为三相四线制零地合一方式为电气设备供电。当相线遭遇雷击时,相线与零线放电通过电力线直接击穿电气设备。通常情况下,电子设备线与外壳的耐压为每分钟交流 1 500 V,火线与零线耐压为工业级直流 550~650 V,如此低的耐压如果受到远点雷击,电气设备一定会受到损坏。因此,在选择防雷器时,首先考虑远点雷击。

2.雷电近点袭击电力线

雷电近点袭击电力线是指电气设备所在的建筑避雷装置遭遇雷电袭击而造成的雷电电磁脉冲的保护问题。

建筑的避雷装置在遭遇雷电袭击时,避雷装置的引下线在线路电感的作用下只能把 50％ 的电流导入大地进行释放。其余的电流将通过电力线屏蔽槽、水管、暖水管、金属门窗等与地面有连接的金属物质联合引雷,但这只能引下 25％ 的电流。剩下的电流会击穿局域网端,通过逻辑地线导入大地。这就需要保护直流逻辑接地,切断雷电电流导入端口,防止电气设备受到损坏。

3.建筑物内感应雷害

当建筑的避雷装置遭遇雷击,电流会通过避雷装置和引下线流入大地,这时引下线会产生一个磁场,这个磁场是自上而下产生的,并且不断旋转变化,快速运动。建筑物内的电源线、网络线等相对切割磁力线,产生感应高压并沿线路传输击毁设备。

感应雷的能量虽然不大,但其电压比较高。智能建筑可以降低感应雷的防护级别,但仍需要对其进行全面性的防护。

4.二次效应——雷电高压反击雷

当建筑的避雷装置遭遇雷击时,雷电电流通过引下线流入大地。但大地存在电阻,雷电电荷不能快速全部地与大地负电荷中和,这将会导致局部地电位上升。

雷电袭击建筑物避雷针,由引下线将雷电流引入大地,由于大地电阻的存在,交流配电接地和直流逻辑接地能够将这种上升的地电位导入机房,这种反击电压从几千伏到几万伏不等,能够直接使电气设备的绝缘发生损坏。

(五)综合防雷工程

直击雷和雷电感应高电压的侵害渠道和雷电电磁脉冲(LEMP)的侵害渠道不一样,要对其进行防护应采取不同的措施。直击雷的防护一般使用传统的避雷装置,包括避雷针、避雷网等。这些传统的避雷装置如果设计科学合理、安装符合标准,能够有效防御直击雷的侵害。

但这些能够有效防御直击雷侵害的避雷装置不能防御雷电感应及雷电电磁脉冲的侵害。这是由于雷电感应及雷电电磁脉冲进入室内的通道不同于直击雷的侵害通道。雷电感应及雷电电磁脉冲通过电气设备的电源线等线路进入室内。

现代社会中,电气设备广泛应用于人们的工作和生活中,尤其是电子计算机和通信网络的大量普及,雷电感应高电压以及雷电电磁脉冲造成的危害正在逐年增加。传统的避雷装置已经不能满足防雷需求,为使电气设备在恶劣的雷电天气也能正常工作,雷电防护逐步发展为综合防雷工程阶段。

综合防雷工程由直击雷的防护措施、等电位的连接措施、屏蔽措施、规范的综合布线、设计安装 SPD、完善合理的接地系统六个部分组成。

这种综合防雷工程能够防御直击雷和雷电感应及雷电电磁脉冲的侵害,减少雷击事故的发生,保护人和电气设备的安全。

第七章 有线电视研究

第一节 有线电视系统

一、有线电视系统简介

(一)有线电视系统的定义及特点

有线电视系统是采用缆线(电缆或光缆)等作为传输媒质来传送电视节目的一种闭路电视系统 CCTV(Closed - Circuit Television),它以有线的方式在电视中心和用户终端之间传递声、像信息。所谓闭路,是指不向自由空间辐射,可供电视接收机通过无线接收方式直接接收的电磁波。

随着技术的发展,特别是光缆技术和双向传输技术,以及卫星和微波通信技术的发展,打破了传统闭路与开路的界限,其传输媒质包括从平衡电缆、同轴(射频)电缆到光缆,再到卫星和微波;提供的节目从一般的电视广播到宽带综合业务数字网(B - ISDN),都有了长足的发展。有线电视网通过信息高速公路的主干线与世界各地相连,是实现全球个人通信(PC)的一条重要途径。

有线电视系统的传送特点有:规模大,相对成本低;功能多,附加增值潜力大;组网灵活,可逐步发展;节省费用,美化城市;频率资源充分利用,设备非常成熟。

(二)有线电视系统的分类

有线电视系统的分类主要有以下几种方式。

第一,按频道利用方式(是否利用相邻频道)可分为隔频(非邻频)传输系统和邻频传输系统。隔频(非邻频)传输系统按工作频段又分为甚高频通信(VHF)系统、超高频通信(UHF)系统和全频道系统;邻频传输系统按最高工作频率又可分为 300 MHz 系统、450 MHz 系统、550 MHz 系统、750 MHz 系统和 1 000 MHz 系统等。

第二,按信号传输媒介可分为同轴电缆传输系统、微波传输系统(MMDS)、光缆传输系统和光缆/电缆混合传输系统(HFC)。

　　第三,按系统交互性方式可分为单向传输系统和双向交互式传输系统。

　　第四,按干线放大器的供电方式可分为分散供电系统和集中供电系统。

　　第五,按用户数量可分为 A 类系统(10 万户以上的系统)和 B 类系统(10 万户以下的系统)。

二、有线电视系统组成

　　有线电视系统主要由以下四部分组成:信号源部分、前端(设备)部分、干线传输(传输系统)部分和用户分配(网)部分。有线电视网络组成见图 7-1-1。

图 7-1-1　有线电视网络组成框图

(一)信号源部分

　　信号源有两种类型:其一,空中收转的各种电视信号;其二,有线电视系统自办节目。

　　信号源的主要设备有卫星地面站、微波站、V/U 段天线、摄像机、录像机、电视转播车、播控设备及系统管理计算机等。

(二)前端系统部分

　　前端系统是指在有线电视系统中用以处理通过天线收到的和自办的电视信

号并使之适合信道传输的一系列设备。前端系统部分位于信号源和干线传输系统之间,其作用是将信号源送来的多套电视信号进行必要的处理,然后将其混合成一路信号送到干线传输系统。

前端系统的主要设备有接收机、调制器、频道放大器、变换器、导频信号发生器、混合器、解调器、制转器和时基校正器等。

(三)干线传输系统部分

干线传输系统是把前端接收处理、混合后的电视信号传输给用户分配系统的一系列传输设备,主要有各种类型的干线放大器和干线电缆。为了能够高质量、高效率地输送信号,应当采用优质低耗的同轴电缆或光缆;同时,采用干线放大器,其增益应正好抵消电缆的衰减。在主干线上,应尽可能少分支,以保持干线中串接放大器数量最少。如果要传输双向节目,必须使用双向传输干线放大器,建立双向传输系统。

1.干线设备

干线设备主要是干线放大器。干线放大器有不同的类型,除有双向和单向干线放大器外,根据干线放大器的电平的控制能力,主要分为以下几类:手动增益控制和均衡性干线放大器、自动增益控制(AGC)型干线放大器、AGC 加自动斜率补偿型放大器、自动电平控制(ALC)型干线放大器[包含自动增益控制(AGC)和自动斜率控制(ASC)两个功能]。

干线设备除了干线放大器和干线电缆外,还有电源和电流通过型分支器、分配器等。

2.传输介质

传输介质可以采用同轴电缆,对于长距离传输的干线系统,还要采用光缆传输设备,即光发射机、光分波器、光和波器、光接收机和光缆等,此外,还可以采用光缆-同轴电缆混合方式。光缆 CATV 传输系统的网型基本上可分为两种,即前端系统-光缆干线传输系统-同轴电缆用户分配系统,前端系统-光缆干线传输系统-光缆分配系统。

干线传输系统的作用是高质量远距离地传输系统信号,其主要设备有干线放大器、干线电缆、光发射机、光接收机、多路微波分配系统和调频微波中继等网络。干线系统的传输方式主要有同轴电缆传输、光纤传输和微波传输,以及其混合传输。

(四)用户分配系统部分

用户分配系统位于有线电视系统的最后部分,其作用是把来自传输干线的信号分配给千家万户。用户分配网络的主要设备有分配放大器、分支分配器、用户终端和机上变换器。对于双向电缆电视系统,还有调制解调器和数据终端等设备。用户分配网络的主要作用:将干线送来的信号放大到足够电平;向所有用户提供电平大致相等的电视信号,使用户能选择到所需要的频道和准确无误地解密或解码;系统输出端具有隔离特性,保证电视接收机之间互不干扰;借助于部件输入与输出端的匹配特性,保证系统与电视接收机之间有良好的匹配;对于双向电缆电视,还需要将上行信号正确地传输到前端。

目前,在建筑物内部,有线电视系统主要还是以同轴电缆传输为主,选择邻频传输电视设备。

三、同轴电缆及配件

(一)类型

按系统传输信号带宽分为基带同轴电缆和宽带同轴电缆。基带同轴电缆用于基带或数字传输,电缆的屏蔽层是铜网状型,特性抗阻为 50Ω,如 RC-8(粗缆)、RC-58(细缆)等。宽带同轴电缆既可以传输数字信号,也可以传输模拟信号,其屏蔽层通常是用铝冲压而成的,特性阻抗为 75Ω,如 RC-59。

按同轴电缆缆芯直径大小分为粗缆和细缆,如国产射频同轴电缆 SYWV-75-5(芯线绝缘外径为 5 mm)就是一种细缆。按屏蔽层数不同,可分为二屏蔽、四屏蔽等;按屏蔽材料和形状不同,可分为铜或铝以及网状、带状屏蔽;按绝缘材料不同,分为聚氯乙烯绝缘和物理发泡绝缘。聚乙烯物理高发泡电缆,是通过气体注入使介质发泡。另外,还有自承式电缆和网络用电缆 RG 系列等。

(二)常用电缆

国外常用的同轴电缆型号有网络用粗缆 RG-8 或 RG-11(50Ω)、细缆 RG-58/U或 RG-58C/U(50Ω),用于 CATV 和宽带数据网 RG-59(75Ω)、网络电缆 RG-62(93Ω)。适用于 CATV 系统的国产射频同轴电缆有 SYV、SY-WV(Y)、SYWLY(75Ω)等系列。

(三)连接器

连接器包括高频插头、插座和转接器,用于系统中各种设备和部件与同轴电缆之间的连接。连接器一般分为室内和室外防水型。

同轴电缆是通过低损耗的连接器 F 头(FL 型电缆连接头)连接的,连接器在物理性能上与电缆相匹配。两根电缆的端点与 FL10 电缆头做好以后,即可与双通两端的螺栓拧紧。这种连接方式的特点是连接处匹配性好、损耗小。

(四)同轴电缆插座模块

宽带同轴电缆(如 RC - 59 等)是细缆,细缆的连接是 BNC 系列,BNC 连接器插头安装在缆段的两端连接插座使用;BNC 终端匹配器安装在细线的终端,用于防止高频信号的反射。

终端匹配器必须接地,电缆的屏蔽层必须接地。

第二节　有线电视系统施工安装

有线电视系统安装施工应以设计图纸为依据,并遵守《有线电视系统工程技术规范》(GB 50200—1994)的规定。施工单位必须有当地县级以上(含县级)广播电视行政部门颁发的"有线电视站、共用天线系统设计(安装)许可证"或由省级广播电视管理部门发给"有线电视台设计(安装)许可证"。有线电视工程设计施工方案,应符合当地广播电视覆盖网的整体规划要求。共用天线电视系统的设计施工方案,应报当地县级以上(含县级)广播电视行政管理部门审查同意后方可施工。根据现行国家标准《智能建筑工程质量验收规范》(GB 50339—2013)的规定,有线电视系统施工安装包括的分项工程有梯架、托盘、槽盒和导管安装,线缆敷设,设备安装,软件安装,系统调试,试运行。

一、有线电视系统施工工艺流程

有线电视系统的工艺流程如下:放线→管槽安装→穿线放缆→放大器安装→终端插座、分配器及分支器安装→系统调试→工程交验。

二、有线电视系统施工准备

(一)系统的工程施工应具备的条件

(1)施工单位必须执有系统的工程施工执照。

(2)设计文件和施工图纸齐全,并已会审批准。施工人员应熟悉有关图纸并了解工程特点、施工方案、工艺要求、施工质量标准等。

(3)施工所需的设备、器材、辅材、仪器、机械等应能满足连续施工和阶段施工的要求。

(4)新建建筑系统的工程施工,应与土建施工协调进行;预埋线管、支撑件、预留孔洞、沟、槽、基础、楼地面等均应符合设计要求。

(5)施工区域内应能保证施工用电。

(二)系统工程施工前应调查的情况

(1)施工区域内建筑物的现场情况。

(2)使用道路及占用道路(包括横跨道路)的情况。

(3)允许同杆架设的杆路及自立杆杆路的情况。

(4)敷设管道电缆和直埋电缆的路由状况和预留管道的情况,以及各管道做出路由标志情况。

(5)在施工现场影响施工的各种障碍物的情况。

(三)施工前应检查的材料、部件和设备

(1)按照施工材料表对材料进行清点、分类。

(2)各种部件、设备的规格、型号、数量应符合设计要求。

(3)产品外观应无变形、破损和明显脱漆现象。

(4)有源部件均应通电检查。

三、有线电视系统设备安装

(一)光工作站安装的规定

(1)光工作站应安装在机房或设备间内。

(2)光工作站应配备专用设备箱体,光工作站应牢固安装在专用设备箱体内。

(3)光工作站的供电装置应采用交流(220 V)电源专线供电,供电装置应固定良好,与光工作站间距不应小于 0.5 m。

(4)光工作站、设备箱体和供电装置按设计要求应良好接地,箱内应设有接地端子。

(二)放大器安装的规定

(1)放大器宜安装在建筑物设备间或弱电室(含竖井)内。

(2)放大器应固定在放大器箱底板上,放大器箱室内安装高度不宜小于 1.2 m,放大器箱应安装牢固。

（3）放大器箱及放大器等有源设备应作良好接地，箱内应设有接地端子。

（4）干线放大器输入、输出的电缆，应留有不小于1m的余量。

（5）放大器未使用的端口应接入75Ω终端电阻。

（三）分支器、分配器安装的规定

（1）分支器、分配器的安装位置和型号应符合设计文件要求。

（2）分支器、分配器应固定在分支分配箱体底板上。

（3）电缆在分支器、分配器箱内应留有不小于箱体周长一半的余量。

（4）分支器、分配器与同轴电缆相连，其连接器（接插件）应与同轴电缆型号相匹配，并应连接可靠，防止信号泄露。

（5）电缆与电缆连接应采用连接器（接插件）紧密接合，不得松动、脱出。

（6）系统所有支路的末端及分配器、分支器的空置输出端口均应接75Ω终端电阻。

（四）其他安装规定

（1）除安装在设备间和弱电室（含竖井）外，其他情况下的放大箱、分支分配箱、过路箱和终端盒宜采用墙壁嵌入式安装方式。

（2）箱体内的线缆敷设应按照设计要求，其弯曲时不得小于线缆规定的弯曲半径；每条线缆应连接可靠，并应做好标识。

（3）放大箱、分支分配箱、过路箱安装高度底边距地不宜低于0.3m。

（4）用户室内终端的安装应符合下列规定：用于暗装的终端盒应符合设计文件要求；暗装的终端盒面板应紧贴墙面，四周应无缝隙，暗装应端正、牢固；明装的终端盒和面板配件应齐全，与墙面的固定螺丝钉不得少于2个。

（5）用户终端在国标《声音和电视信号的电缆分配系统输出口基本尺寸》（GB/T 7393—1987）中规定了其尺寸，其安装一定要符合设计文件要求。

四、有线电视系统线缆敷设

（一）有线电视系统线缆敷设的规定

（1）线缆布放前应核对型号规格、路由及位置，要与设计图纸相符。

（2）管与其他管线的最小间距应符合行业标准《有线电视分配网络工程安全技术规范》（GY 5078—2008）表4.3.8的规定。

（3）线缆弯曲度不应小于线缆规定的弯曲半径，在拐弯处要留有余量。

(4)线缆在布放前,两端应贴有标明起始和终端位置的标签,标签书写应清晰、正确。

(5)线缆在铺设过程中,不应受到挤压、撞击和猛拉引起变形。注意线缆敷设最小弯曲半径和最大拉断力等极限值,避免线缆受挤压变形。太过急的弯曲和用力过猛的拉线会导致线缆变形、断裂,改变线缆的传输性能。

(二)同轴电缆连接器安装的规定

(1)同轴电缆连接器安装应保证电缆的内、外导体分别连接可靠。

(2)同轴电缆连接器与设备接口连接时,应防止紧固过度。

(3)同轴电缆的内外导体与连接器的针芯、壳体接触应良好。

(4)同轴电缆连接器安装应符合行业标准《有线电视网络工程施工及验收规范》(GY 5073—2005)第6.1.6条的规定。

(5)同轴电缆连接器安装前检查剥制各端面是否与轴线垂直,不符合要求则用工具进行修整,以确保连接器安装的同心度,保证其电气性能。

五、防雷、接地及安全防护

系统工程的防雷接地,必须按设计要求施工,新建工程接地装置的埋设宜与土建施工同时进行,对隐蔽部分应在覆盖前及时同有关单位随工检查验收。

接闪器应与天线竖杆(独立避雷针则应与接闪器支持杆)同在地面组装。接闪器长度应按设计要求确定,并不应小于2.5 m;直径不应小于20 mm。接闪器与竖杆的连接宜采用焊接;焊接的搭接长度宜为圆钢直径的10倍。当采用法兰连接时,应另加横截面小于48 mm^{2}的镀锌圆钢电焊跨接。

避雷引下线宜采用25 mm×4 mm扁钢或直径为10 mm的圆钢。引下线与天线竖杆应采用电焊连接,其焊接长度应为扁钢宽度的3倍或圆钢直径的10倍。引下线与接地装置必须焊接牢固,所有焊接处均应涂防锈漆。

干线放大器的外壳和供电器的外壳均应就近接地。

架空电缆中供电器的市电输入端的相线和零线,对地均应接入适用于交流220 V工作电压的压敏电阻。

重雷区架空引入线在建筑物外墙上终结后,应通过接地盒(见图7-2-1)在户外将电缆的外屏蔽层接地。用户引入线户外连接经接地盒连至建筑物内分配器、分支器直至用户输出口(见图7-2-2)。

图 7-2-1 接地盒　　　　　图 7-2-2 接地盒户外连接

在施工过程中,应测量所有接地装置的电阻值。当达不到设计要求时,应在接地极回填土中加入无腐蚀性的长效降阻剂。

第三节　有线电视系统调试与验收

一、有线电视系统的调试

有线电视系统的工程各项设施安装完毕后,应对各部分的工作状态进行调测,以使系统达到设计要求。

(一)前端部分调测的要求

第一,检查前端设备所使用的电源,应该符合设计要求。

第二,在各电视台正常播出的情况下,在各频道天线馈线的输出端测量该频道的电平值,应与设计要求相符。

第三,在前端输出口测量各频道的输出电平(包括调频广播电平),通过调节各专用放大器的输入衰耗器使输出口电平达到设计规定值。

(二)放大器输出电平的调整要求

第一,放大器的供电电源应符合设计要求。

第二,在每个干线放大器的输出端或输出电平测试点应测量其高、低频道的电平值,并通过调整干线放大器内的衰耗均衡器,使其输出电平达到设计要求。

第三,各用户端高低频道的电平值,应达到设计要求。在一个区域内(一个分配放大器所供给的用户)多数用户的电平值偏离要求时,应重新对分配放大器进行调整,使之达到要求。当系统较大、用户数较多时,可只抽测 10%～20% 的用户。

第四,调测中应做好调测记录。调测记录表的格式应符合表 7-3-1、表 7-3-2 的规定。

表 7-3-1　干线放大测试记录表

放大器编号	输入电平		补偿间隔		输出电平		衰耗均衡步位
	低端	高端	电缆型号	距离	低端	高端	
测试时间	气候		电平表型号			测试人	

表 7 - 3 - 2　前端设备调试记录表

电平值

项　目		直接收转						调频广播			卫星接收			自办节目		
		CH	CH	CH	CH	CH	CH	MHz	MHz	MHz	CH	CH	CH	CH	CH	CH
前端输入（天线输出）电平																
信号处理设备	中频输出电平(1)															
	中频输出电平(2)															
	卫星接收输出电平															
	调制输入电平															
	频道变换输入电平															
输出频道																
前端输出电平																
衰耗器步位																
测试时间		气候					电频表型号				测试人					

二、有线电视系统的验收

有线电视系统工程竣工运行后两个月内,应由设计、施工单位向建设单位提出竣工报告,建设单位应向系统管理部门申请验收。系统工程验收应由系统管理部门、设计、施工、建设单位的代表组成验收小组,按规范规定和竣工图纸进行验收,并应做记录、签署验收证书立卷和归档。

(一)有线电视系统验收的一般规定

有线电视系统工程验收合格后的一年内,因产品或设计、施工质量问题造成系统工作的异常,设计、施工单位应负责采取措施恢复系统的正常工作。系统的工程验收前,应由施工单位提供调测记录。系统的工程验收测试必需的仪器,应附有计量合格证。

1. 有线电视系统的工程验收内容

(1)系统质量的主观评价。

(2)系统质量的测试。

(3)系统工程的施工质量。

(4)图纸、资料的移交。

2. 有线电视系统规模的分类

有线电视系统规模根据其容纳的输出口数可按表 7－3－3 的规定分为四类。

表 7－3－3　系统验收分类

类　别	A	B	C	D
系统所容纳的输出口数	10 000 以上	2 001～10 000	300～2 000	300 以下

3. 标准测试点

系统主观评价和客观测试用的测试点应视为标准测试点。标准测试点应是典型的系统输出口或其等效终端。等效终端的信号必须和正常的系统输出口信号在电性能上相同。标准测试点应选择噪声、互调失真、交流声调制以及本地台直接窜入等影响最大的点。

4. 标准测试点的最小数量规定

对 A 类和 B 类系统,每 1 000 个系统输出口中应有 1～3 个标准测试点,且至少应有一个位于系统中主干线的最后一个分配放大器之后的点;对于 A 类系统,其系统设置上相同的标准测试点可限制在 10 个以内。

对于 C 类系统,不得少于 2 个标准测试点,并至少有 1 个接近主干线或分配线的终点。

对于 D 类系统,至少应有一个标准测试点。

(二)系统质量的主观评价

1.系统图像质量的主观评价规定

系统图像质量采用五级损伤制评定,五级损伤制评分分级应符合表 7-3-4 的规定。

表 7-3-4 五级损伤制评分分级

图像质量损伤的主观评价	评分分级
图像上不觉察有损伤或干扰存在	5
图像上稍有可觉察的损伤或干扰,但并不令人讨厌	4
图像上有明显的损伤或干扰,令人感到讨厌	3
图像上损伤或干扰较严重,令人相当讨厌	2
图像上损伤或干扰极严重,不能观看	1

系统图像和伴音(包括调频广播声音)质量损伤的主观评价项目应符合表 7-3-5 的规定。

表 7-3-5 主观评价项目

项 目	损伤的主观评价现象
载噪比	噪波即雪花干扰
交扰调制比	图像中移动的垂直或斜图案,即串台
载波互调比	图像中的垂直、倾斜或水平条纹,即网纹
载波交流声比	图像中上下移动的水平条纹
回波值	图像中沿水平方向分布在右边的重复轮廓线,即重影
色/亮度时延差	色、亮信号没有对齐,即彩色鬼影
伴音	背景噪声,如嗞嗞声、哼声、蜂声和串音

2.系统质量主观评价的方法和要求

第一,输入前端的射频信号源质量不得低于 4.5 分。当信号源质量在 4.5

分以下时,可采用标准信号发生器或高质量录像信号代替。

第二,系统应处于正常工作状态。

第三,电视接收机应采用符合现行国家标准的彩色全频道接收机。

第四,观看距离应为荧光屏面高度的 6 倍,室内照度应适中,光线柔和。

第五,视听人员不应少于 5 名,专业人员和非专业人员的比例由验收小组确定。视听人员首先应在前端对信号源进行主观评价,然后在标准测试点视听,独立评价打分,并应取平均值为评价结果。

3.主观评价合格标准

当按表 7－3－5 中的项目进行主观评价,每个频道的得分值均不低于 4 分时,系统质量的主观评价为合格。

(三)系统质量的测试

在不同类别系统的每一个标准测试点上必须测试的项目应符合表 7－3－6 的规定。

表 7－3－6　必须测试的项目

项　目	类　别	测试数量及要求
图像和调频载波电平	A、B、C、D	所有频道
载噪比	A、B、C	所有频道
载波互调比	A、B、C	每个波段至少测一个频道
载波组合三次差拍比	A、B	所有频道
交扰调制比	A、B	每个波段测一个频道
载波交流声比	A、B	任选一个频道进行测试
频道内频响	A、B	任选一个频道进行测试
色/亮度时延差	A、B	任选一个频道进行测试
微分增益	A、B	任选一个频道进行测试
微分相应	A、B	任选一个频道进行测试

注:①对于不测的每个频道也应检查有无互调产物。②在多频道工作时,允许折算到两个频道来测量,其折算方法按各频道不同步的情况考虑。

在主观评价中,确认不合格或争议较大的项目,可以增加表 7－3－6 规定以外的测试项目,并以测试结果为准。

系统质量的测试参数要求和测试方法,应符合现行国家标准《电视和声音信号的电缆分配系统》GB/T 6510—1996 的规定。

(四)系统的工程施工质量

系统的工程施工质量应按施工要求进行验收,检查的主要项目和要求应符合表 7-3-7 的规定。

表 7-3-7　施工质量检查主要项目和要求

项　目		检查要求
接收天线	天线	1.振子排列、安装方向正确; 2.各固定部位牢固; 3.各间距符合要求
	天线放大器	1.牢固安装在竖杆(架)上; 2.防水措施有效
	馈线	1.应用金属管保护; 2.电缆与各部件的接点正确、牢固、防水
	竖杆(架)及拉线	1.符合要求; 2.拉线方向正确,拉力均匀
	避雷针及接地	1.避雷针安装高度正确; 2.接地线符合要求; 3.各部位电气连接良好; 4.接地电阻不大于 4
前端		1.设备及部件安装地点正确; 2.连接正确、美观、整齐; 3.进、出电缆符合设计要求,有标记
传输设备		1.安装设计要求; 2.各连接点正确、牢固、防水; 3.空余端正确处理,外壳接地
用户设备		1.整齐、美观、牢固; 2.输出口用户盒安装位置正确、安装平整; 3.用户接地盒、避雷器安装符合要求

续表

项　　目	检查要求
电缆及接插件	1.电缆方向、布线和敷设合理、美观； 2.电缆弯曲、盘接符合要求； 3.电缆离地高度及与其他管线间距符合要求； 4.架设、敷设的安装附件选用符合要求； 5.接插部件牢固、防水防腐蚀
供电器、电源线	符合设计、施工要求

（五）有线电视系统的工程验收文件

1.有线电视系统的工程验收文件内容

（1）基础资料。

· 接收频道、自播频道与信号场强；

· 系统输出口数量，干线传输距离；

· 信号质量（干扰、反射、阻挡等）；

· 系统调试记录。

（2）系统图。

· 前端及接收天线；

· 传输及分配系统；

· 用户分配电平图。

（3）布线图。

· 前端、传输、分配各部件和标准测试点的位置；

· 干线、支线路由图；

· 天线位置及安装图；

· 标准层平面图，管线位置、系统输出口位置图；

· 与土建工程同时施工部分的施工记录。

（4）主观评价打分记录。

（5）客观测试记录（包括测试数据、测试方框图、测试仪器、测试人和测试时间）。

（6）施工质量与安全检查记录（包括防雷、接地）。

（7）设备、器材明细表。

(8)其他。

2.验收证书格式

系统工程验收合格后,验收小组应签署验收证书。验收证书的格式应符合表7-3-8的规定。

表7-3-8　CATV系统工程验收证书

工程名称				
工程地址				
设计单位及地址		许可证书		
施工单位及地址		许可证书		
建设单位及地址				
工况概况	输出口数	接收频道	自播频道	备注
验收结果	主观评价	客观测试	施工质量	资料移交
验收结论				

设计单位 (签章) 年　月　日	施工单位 (签章) 年　月　日	建设单位 (签章) 年　月　日	系统主管单位 (签章) 年　月　日

第八章　BIM 技术在信息化建筑施工工程中的应用研究

第一节　BIM 技术

一、基于不同角度对 BIM 技术的概念理解

BIM(Building Information Modeling,建筑信息建模)技术作为当今国际化的研究热点,受到很多专家与学者的关注。最早关于 BIM 思想的研究可以追溯到 20 世纪 70 年代,自此之后,很多的学者开始对 BIM 的概念进行研究与界定,不断丰富 BIM 的概念与内涵。伴随着项目工程的不断发展,BIM 模型信息也在不断发展,越来越接近实际,形成越来越完善的信息链。

对 BIM 的定义与理解五花八门,人们都是根据不同的利益和需求去对 BIM 进行定义的。对 BIM 的定义可以从产品角度和过程角度进行理解。

(一)产品角度

建筑信息模型就是指在三维数字的基础上,汇总建筑工程项目的各种信息的工程数据模型。BIM 技术可以说是对工程项目设施实体与功能特征的数字化表达。产品模型所涵盖的内容较多,主要有以下几方面。

(1)形状及相互关系。

(2)施工方案。

(3)空间位置信息。

(4)材料属性。

(5)荷载属性。

(6)非空间位置信息。

(二)过程角度

建筑信息建模一般情况下,就是指与之相关的建筑信息模型的方案、技术以及软件等。

过程模型是建筑物运行的动态模型和决策模型。因此,BIM 不等于 3D 模

型,除此之外,"3D 模型＋数据模型"也不能完全称之为 BIM。BIM 有模型、有数据、有流动、有价值应用。

BIM 发展到今天,已经不再局限于一种简单的建模技术,而是一种全新的行业信息技术,正在逐步引领建筑领域走向新的方向。

综上所述,BIM 可以说是一种模型、一项技术,也可以说是一种方法,通过发展 BIM 技术,来实现工程建筑信息的收集、分析、管理、交换、更新、存储等过程,在工程建筑的不同阶段,为各个不同的参与主体提供更加及时、准确、高效的信息交流,为建筑工程的行业发展提供更加翔实的信息支持。

在 BIM 的整个过程中,不同的参与主体会在相同的建筑信息模型的基础上,进行数据的共享,以便为后期的建筑运营与维修打造良好的技术支持与保障。这项技术的实施与推行可以有效为建筑行业增加工作效率,减少资源、物力、人力的浪费,践行可持续发展的思想观念。

二、BIM 技术的特点

BIM 技术的最大特点就是数据信息的高度整合,以支持 BIM 建筑全生命周期项目决策、设计、施工、运营的技术、方法等。其中模型是基础,信息是灵魂,软件是工具,协作是重点,管理是关键。BIM 技术的特点可以概括为以下五点。

(一)协调性

在传统的信息管理模式中,弊端较多,如信息交换不及时,那么信息的价值就会发生改变,信息的过多与浪费也会造成信息价值的贬值,这些都会影响信息的有效性,这就是传统信息管理模式被时代所摒弃的原因之一。

基于 BIM 技术的信息管理模式,会整合离散的信息,打造完整的信息链,简化信息的总量,同时也优化了信息的数量与质量,信息的共享与协同工作也得到了发展,这种信息管理模式协调性明显,弥补了传统信息管理模式的弊端。

(二)可视化

BIM 技术的可视化是最为核心的特点。可视化 BIM 模型中几乎涵盖了整个项目的完整信息,还可以形成报表。BIM 模型中的所有过程中的分析、讨论、决策都可以在可视化状态下进行,实现 BIM 技术的全新发展。

基于 BIM 技术的信息管理模式,可以改变现有工程项目管理中的一些弊端,加快工程项目各个信息之间的融合,优化工程项目的目标,整合各种资源、规范项目工程内部的网络建设。

基于 BIM 数据库建立的信息交流中心,可以通过各个平台以及各个组织所提供的信息,还可以实现信息的交流与共享。信息沟通的加强,有利于工程建设效率的提高,当出现问题之后,可以及时地进行沟通与协调,最早拿出优化方案解决问题,有效避免不必要问题的出现。

(三)模拟性

基于 BIM 技术模型,可以实现模拟设计的建筑项目模型,还可以模拟在真实生活中无法实现的事物。利用 BIM 技术可以实现施工方案的模拟、施工进度的模拟、施工安全的模拟等,甚至可以模拟后期运营阶段的紧急情况处理方式,通过模拟可以对事物的基本情况有一定的认知,还可以探究出最佳的方案。

(四)优化性

BIM 技术作为一项不断发展的技术,伴随着工程项目的不断深化与推进,BIM 信息模型也会不断发展,不断优化,以适应工程项目的特点。BIM 技术通过信息集成管理,可以提高工程设计的质量,提高工作效率,实现信息对工程项目的优化。项目决策的过程中,会出现理想与现实之间的差距,这种差距或者现实中出现的问题,应该尽量在施工前给予解决,这样才能凸显出 BIM 的优化性。

(五)可出图性

可出图性是指用 BIM 技术对建筑物进行可视化展示、协调、模拟、优化后,还可输出有关图纸或报告。BIM 技术可以从 3D 模型中提取 2D 图纸,还可以将非图形数据信息通过报告的形式输出,给人更加直观的感觉,方便后期的运算。

三、BIM 技术的优势

(一)建设全过程全真可视化

所谓的建设全过程就是指设计、建造、运营这三个过程,全真可视化具体体现在以下几方面。

第一,方案与施工图三维设计,专业碰撞检查及优化。

第二,建筑施工实时动态多维模型监控。

第三,建筑运维智能化,物联网管理平台。

(二)建设全过程管理模式

第一,建设各阶段、各专业、各工作人员协同工作平台。

第二,施工进度与成本精确计划,有效管控,缩短工期,节约成本,精益建造。

第三,虚拟施工,有效协同,减少质量和安全问题,减少返工和整改。

第四,数据结构化,整合优化全过程产业链,实现工厂化生产、精细化管理。

(三)推动行业技术创新与提升

第一,促进标准化设计、工厂化生产、装配化施工、信息化管理。

第二,推动绿色建筑、钢结构建筑、装配式建筑、海绵城市和地下综合管廊建设发展。

第三,驱动管理模式变革,引领行业转型升级。

第二节 BIM 技术在信息化建筑施工工程中的优越性

一、BIM 技术在工程施工过程中的优势

与传统的工程施工技术相比,BIM 技术在智能化工程施工中的优势相对明显。BIM 技术在工程施工的质量管理、安全管理以及进度管理这三个方面具有一定的优势。

BIM 技术作为当今建筑领域应用性很广的一项新型技术。在推广这项技术的同时,也就意味着建筑工程施工在各个领域都会发生一定的调整,甚至是翻天覆地的变化。

在整个工程项目建设的过程中,BIM 技术发挥着重要的作用。为了发挥出 BIM 技术在整个建筑行业中的优势,建筑企业应继续推进 BIM 技术的实际研究。

(一)BIM 技术在质量管理中的优势

就目前来说,我国传统的施工质量管理还有一定范围的应用,依然存在施工操作者的能力水平上的差异,相关操作还存在一定的误区,这些因素累积在一起,就会造成整体工程施工的质量下降,在施工中也会出现各种各样的问题。

造成上述问题的主要原因,就是施工单位的目光短浅,片面追求成本的降低与利益的扩张,传统的质量管理技术与方式存在的局限性造成管理的很多措施不能准确实施。施工单位对于施工过程中的相关估算一旦出现偏差,就会影响到后续施工的开展,因此,有必要将 BIM 技术应用到工程施工中,其优势主要体现在以下两方面。

1.物料质量管理方面

通过BIM技术可以实现建立施工所需要的器材、基本物料存储信息的模块。这个模块对于后续的施工有着重要的意义,通过这个模块可以实现网络信息的传递,一旦信息有所更新,就会及时反馈到网络上。BIM技术可以使质量管理者对相关信息有更加清晰的了解。

2.技术管理方面

在建筑工程施工建设的过程中,选择什么样的施工技术以及技术的应用质量,就成了最终的施工质量是不是符合规定要求的关键所在。利用BIM技术可以实现对施工技术使用过程的模拟,在模拟的过程中会进行同步的运算,并进行不断的优化,最终所呈现出来的方案会由专业人员按照规范严格执行,保证技术使用的科学性。

(二)BIM技术在安全管理中的优势

BIM技术的应用可为工程施工现场安全管理规划及决策的制定提供更多有价值的参考依据。将BIM技术引进安全管理中,可以实现对施工过程的动态管理,相关工作者可以通过可视化的界面对安全管理的方案进行不断的优化,对可能出现的问题有一定的了解。这项技术的应用还会提升对安全隐患的预防,并在一定程度上规避安全事故的发生。

BIM技术可以实现信息的集成与共享,为工程项目中的安全管理提供相关的技术支持与信息参考。BIM技术在安全管理中的优势主要是与传统的技术相对比而言的,其主要体现在以下几方面。

1.提供参考依据

利用BIM技术可以实现以施工进度以及施工组织的具体要求为依据,通过可视化的技术对施工现场的整体信息有基本的了解,对于出现的问题可以进行及时的解决,确保相关工作人员的安全。

2.增强安全教育力度

应用BIM技术的设计系统,可以将系统中设计的相关规则作为准则,对施工工作人员起到规范化的作用,还可以帮助安全隐患排查工作的开展。

BIM技术还可以实现安全知识的宣传与推广,利用BIM技术的可视化,直接将安全知识传递给相关工作人员,有利于安全知识的普及与推广。

3.实现安全管理编制化

利用BIM技术建立BIM模型,实现现场施工的4D模拟,通过模拟可以了解现场施工安全管理的具体情况,还可以形成有针对性的管理措施,有利于安全管理编制化的推进,还有利于现场施工安全隐患的排除,为日常的安全管理奠定良好的基础。

4.提高施工操作的规范性

借助 BIM 技术,可以提高施工操作的规范性,现场施工人员可以更加准确及时地了解施工技术的过程以及进度,这样可以更加规范施工操作,从而进一步降低施工中的安全隐患,保障相关工作人员的生命安全。

(三)BIM 技术在项目进度中应用的优势

工程建设施工中对于施工的进度有着明确且严格的规定,不仅要保障工程在规定的时间里完成,还要保障施工的质量,施工的质量关系到更多人的安全。就以往的施工进度的控制来说,不管是在现场施工的安排还是在协调各方面的发展上,都具有一定的局限性,这样的局限性使得施工的整体经济效益不能得到优化。

BIM 技术应用在项目进度管理控制中,可以有效解决传统方法的局限性,确保施工可以有效进行,项目的经济效益得到优化。BIM 技术在项目进度中应用的优势主要体现在以下三方面。

1.提高数据信息完整性

BIM 技术系统中所涵盖的信息全面,在具体的工程施工中,不管是资金还是人力、物力供应等都可以通过 BIM 建筑模型来生成,施工进度会与这些信息产生密切的联系。施工过程中还会出现一些不可抗性的因素,施工进度会有一定的调整,施工进度的调整会影响到相关材料之间的协调供给情况,因此,相关的工作人员会根据 BIM 技术所提供的信息来保证施工进度。

2.进度管理可视化

进度管理的可视化,为工程施工带来了很多的便利。可视化的三维模型作为 BIM 技术的核心所在,将此项技术应用到工程项目的进度管理之中,可以促进管理工作效率的增强,通过可视界面,可以看到工程施工中最真实的情况,有利于进行工程施工检查,避免安全隐患。管理以及施工的工作人员会根据这项技术在虚拟环境中对施工质量进行进一步的确定,增强施工质量。

3.促进各方沟通协调

凭借着这项技术,工程项目中的不同参与主体在开展相关工作的过程中,可以完成工程项目信息的共享与交流,不管是沟通还是协调都在有条不紊地进行着,提升整个工程项目的效率与速度。

在整个建筑工程中,工程施工过程中所采用的方法与技术的应用情况,都会直接影响到工程施工的质量。引进与应用新的技术对于工程施工来讲,具有重要的意义。

BIM 技术作为一项新兴技术,不管是应用在质量管理、安全管理还是应用到进度调控中,都会提升工程效率,降低安全事故的发生频率,为更多的工作人员提供安全保障。

二、BIM 技术在智能化工程施工中的优势

(一)传统智能化工程施工中的问题分析

智能化工程作为工程整体项目中的重要组成部分,可以推进建筑项目朝着智能化、规范化、科学化的方向发展。

传统的智能化项目实施的过程中,经常会出现预留的点位与深化设计不相符,管径不够等现象,这些问题的出现会给智能化施工企业带来消极的影响,还会增加施工的成本。前期的工做出现失误或者计算不准确会给以后的施工工作带来麻烦甚至安全隐患。

(二)BIM 在智能化施工阶段的应用

1.协同设计

在现实的工作中,智能化的应用都属于工序靠后的专业。专业协调就会显得特别重要,可以有效提高设计工作的效率,避免出现反复改动的情况。在 BIM 技术的使用过程中,可以实现智能化专业与其他专业同步更新访问设计模型与项目数据,有效规避了后期空间的不足,也可以协调各个专业,提升工作效率与工作质量。

2.提高效率

智能化的专业分支相对较多,系统的架构也不尽相同,设备的种类类型多样,因此,在使用 CAD 制图的过程中,其前端设备与桥架管线的工程量统计的难度系数较高,经常出现统计出错的情况,前期的统计出现错误就会给后期的工作带来影响,甚至还会影响工程资金的追加。

智能化专业可以实现在其他专业模型基础上进行设计,工程量可以进行自动化计算,有效减少失误率,还可以提升工作效率与工作质量。

(三)智能化施工应用 BIM 技术的优势

第一,通过 BIM 模型可以实现准确、精准地生成工作量的清单,提高工作效

率,避免不必要的时间浪费。

第二,通过构建竣工模型可以实现可视化的施工交底。

第三,通过建立 BIM 模型,可以准确定位相关设备,再利用可视化的形式对所布置设备方案进行及时的调整。

第四,有些问题在设计阶段解决的难度相对较大,可能无法做到在设计阶段解决所有的问题,可以利用 BIM 模型帮助解决相关问题。

第五,BIM 技术可以模拟施工的过程,可以准确分析出施工的关键工序,对施工工序的不合理之处进行及时的调整,帮助施工人员安排出合理的施工进度,避免出现不同专业交叉施工的现象,有利于整体把控施工流程,确保工作人员的安全。

第六,在 BIM 建模的过程中会产生很多的三维模型数据,这些模型数据可以很好地记录建筑信息与真实的位置信息,在竣工之后,会进行整理并统一递交给业主。

第三节　BIM 技术的信息化建筑项目管理体系的研究

一、BIM 实施目标分析

近几年基于 BIM 的工程管理,主要用于规划、设计阶段的方案评审,火灾模拟,应急疏散能耗分析以及运营阶段的设施管理等。与传统模式相比,BIM 的优势明显,因为建筑模型的数据在建筑信息模型中的存在是以多种数字技术为依托,从而以这个数字信息模型作为各个建筑项目的基础,可以进行各个相关工作。建筑工程与之相关的工作都可以从这个建筑信息模型中拿出各自需要的信息,既可指导相应工作又能将相应工作的信息反馈到模型中。建筑信息模型不是简单地将数字信息进行集成,它还是一种数字信息的应用,并可以用于设计、建造、管理的数字化方法,这种方法支持建筑工程的集成管理环境,可以使建筑工程在其整个进程中显著提高效率、大量减少风险。

同时 BIM 可以四维模拟实际施工,以便于在早期设计阶段就发现后期真正施工阶段会出现的各种问题,来提前处理,为后期活动打下坚固的基础。在后期施工时能作为施工的实际指导,也能作为可行性指导,以提供合理的施工方案及人员、材料使用的合理配置,从而在最大范围内实现资源合理运用。基于 BIM 的工程管理,主要用于施工阶段的进度、成本、质量安全以及碳排放测算。

　　企业在应用BIM技术进行项目管理时,需明确自身在管理过程中的需求,并结合BIM本身特点确定BIM辅助项目管理的服务目标。

　　BIM技术在项目中的应用点众多,各个公司不可能做到样样精通,若没有服务目标而盲目发展BIM技术,可能会出现在弱势技术领域过度投入的现象,从而产生不必要的资源浪费。只有结合自身建立有切实意义的服务目标,才能有效提升技术实力,在BIM技术快速发展的趋势下占有一席之地。为完成BIM应用目标,各企业应紧随建筑行业技术发展步伐,结合自身在建筑领域全产业链的资源优势,确立BIM技术应用的战略思想。如某施工企业根据其"提升建筑整体建造水平、实现建筑全生命周期精细化动态管理、实现建筑生命周期各阶段参与方效益最大化"的BIM应用目标,确立了"以BIM技术解决技术问题为先导、通过BIM技术实现流程再造为核心,全面提升精细化管理,促进企业发展"的BIM技术应用战略思想。

　　无论企业级还是项目级的应用,在正式实施前有一个整体战略和规划,都将对BIM项目的效益最大化起到关键作用。企业BIM战略需要考虑的是如何在若干年之内拥有专业BIM团队、改造企业业务流程、提升企业核心竞争力。企业BIM战略的实施一般来说会分阶段来进行。

　　企业BIM战略的具体实施要从项目的BIM应用入手。纯粹从技术层面分析,BIM可以在建设项目的所有阶段使用,可以被项目的所有参与方使用,可以完成各种不同的任务和应用。因此,BIM项目规划就是要根据建设项目的特点、项目团队的能力、当前的技术发展水平以及BIM实施成本等多个方面综合考虑,得到一个对特定建设项目性价比最优的方案,从而使项目和项目团队成员实现以下目标:所有成员清晰理解和沟通实施BIM的战略目标;项目参与方明确在BIM实施中的角色和责任;保证BIM实施流程符合各个团队成员已有的业务实践和业务流程;提出成功实施每一个计划的BIM应用所需要的额外资源、培训和其他能力;对于未来要加入项目的参与方提供一个定义流程的基准;采购部门可以依据BIM模型确定合同语言,来保证参与方承担相应的责任;为衡量项目进展情况提供基准线。

　　BIM规划完成以后应该包含以下内容:第一,BIM实施目标,即建设项目实施BIM的任务和主要价值;第二,BIM实施流程,即BIM任务各个参与方的工作流程;第三,BIM实施范围,即BIM实施在设计、施工、运营阶段,以及具体阶段的BIM模型所包含的元素和详细程度;第四,组织的角色和人员安排,确定项目不同阶段的BIM参与者、组织关系,以及BIM成功实施所必需的关键人员;第五,实施战略合同,确定BIM的实施战略(例如选择设计一建造,还是设计一招标一建造等)以及为确保顺利实施所涉及的合同条款设置;第六,沟通方式,包括 BIM 模型管理方法(例如命名规则、文件结构、文件权限等)以及典型的会议议程;第七,技术基础设施,BIM 实施需要的硬件、软件和网络基础设施;第八,模型质量控制,详细规定 BIM 模型的质量要求,并保证和监控项目参与方都能达到规划定义的质量。

如果考虑 BIM 的应用跨越了建设项目各个阶段的全生命周期,那么就应该在该建设项目的早期成立 BIM 规划团队,着手 BIM 实施规划的制定。虽然有些项目的 BIM 实施是在中间阶段才开始介入,但是 BIM 规划应该在 BIM 实施以前制定。

BIM 规划团队包括项目主要参与方的代表,即业主、设计、施工总包和分包、主要供应商、物业管理等,其中业主的决心是成功的关键。业主是最佳的 BIM 规划团队负责人,在项目参与方还没有较成熟的 BIM 实施经验的情况下,可以委托专业 BIM 咨询服务公司帮助牵头制定 BIM 实施规划。

在具体选择某个建设项目要实施的 BIM 应用以前,BIM 规划团队首先要为项目确定 BIM 目标,这些 BIM 目标必须是具体的、可衡量的,以及能够促进建设项目的规划、设计、施工和运营成功进行的。BIM 目标可以分为两种类型:其一,跟项目的整体表现有关,包括缩短项目工期、降低工程造价、提升项目质量等,例如,关于提升质量的目标,包括通过能量模型的快速模拟得到一个能源效率更高的设计、通过系统的 3D 协调得到一个安装质量更高的设计、开发一个精确的记录模型和改善运营模型建立的质量等。其二,跟具体任务的效率有关,包括利用 BIM 模型更高效地绘制施工图,通过自动工程量统计更快做出工程预算,减少在物业运营系统中输入信息的时间等。

有些 BIM 目标对应于某一个 BIM 应用,也有一些 BIM 目标可能需要若干个 BIM 应用来帮助完成。在定义 BIM 目标的过程中,可以用优先级表示某个 BIM 目标对该建设项目设计、施工、运营成功的重要性。

BIM 是建设项目信息和模型的集成表达,BIM 实施的成功与否,不但取决于某个 BIM 应用对建设项目带来的生产效率提高,更取决于该 BIM 应用建立的 BIM 信息在建设项目整个生命周期中被其他 BIM 应用重复利用的利用率。换言之,为了保证 BIM 实施的成功,项目团队必须清楚他们建立的 BIM 信息未来的用途。例如,建筑师在建筑模型中增加一个墙体,这个墙体可能包括材料数量、热工性能、声学性能和结构性能等,建筑师需要知道将来这些信息是否有用以及会被如何使用。数据在未来的使用可能和使用方法,将直接影响模型的建立以及涉及数据精度的质量控制等过程。通过定义 BIM 的后续应用,项目团队就可以掌握未来会被重复利用的项目信息以及主要的项目信息交换要求,从而最终确定与该建设项目相适应的 BIM 应用。

选择 BIM 应用,需要从以下几方面进行评估决定:第一,定义可能的 BIM 应用,规划团队考虑每一个可能的 BIM 应用,以及它们和项目目标之间的关系。第二,定义每一个 BIM 应用的责任方,每个 BIM 应用至少应该包括一个责任方,责任方应该包括涉及该 BIM 应用实施的所有项目成员,以及对 BIM 应用实施起辅助作用的可能外部参与方。第三,评估每一个 BIM 应用的每一个参与方的能力,主要包括资源、能力和经验等,其中,资源是指参与方具备实施 BIM 应用需要的资源,这些资源包括 BIM 团队、软件、软件培训、硬件、IT 支持等;能力是指参与方是否具备实施某一特定 BIM 应用的知识;经验是指参与方是否曾经实施过某一特定 BIM 应用。第四,定义每一个 BIM 应用增加的价值和风险,进行某一特定 BIM 应用可能获得的价值和潜在风险。第五,确定是否实施某一个 BIM 应用,规划团队详细讨论每一个 BIM 应用是否适合该建设项目和项目团队的具体情况,包括每一个 BIM 应用可能给项目带来的价值以及实施的风险与成本等,最后确定在该建设项目中实施哪一些 BIM 应用,不实施哪一些 BIM 应用。

二、BIM 组织机构的研究

在项目建设过程中需要有效地将各种专业人才的技术和经验进行整合,让他们各自的优势和经验得到充分的发挥,以满足项目管理的需要,提高管理工作的成效。为更好地完成项目 BIM 应用目标,响应企业 BIM 应用战略思想,需要结合企业现状及应用需求,先组建能够应用 BIM 技术为项目提高工作质量和效率的项目级 BIM 团队,进而建立企业级 BIM 技术中心,以负责 BIM 知识管理、标准与模板建立、构件库的开发与维护、技术支持、数据存档管理、项目协调和质量控制等。

要掌握 BIM,需要多样化的工具和实现项目的技能。虽然 BIM 是在传统工序和基础原则上发展起来的,但是它代表了一种全新的实现项目的方式。打个比方,过渡到 BIM 的过程类似于让一个会骑自行车的人学习如何开车:BIM 技术(如软件、硬件和连接方式)代表了你使用的车辆和行驶的道路、桥梁或隧道。BIM 内容就像车辆的燃料一样,要求丰富充足而且能够方便获取。BIM 标准代表了各方面的交通规则和条例,可让你的驾驶变得高效和顺畅。BIM 教育、培训和认证就如同学习驾驶和发放驾驶许可证。这些都是 BIM 的关键组成部分,没有这些就难以获得这项技术带来的真正益处。

BIM 用户一般都了解市场上多种软件的选择。大多数用户对于主要的 BIM 软件平台供应商有很高的认知度,对于结合 BIM 使用的其他软件工具则有中等程度的认识。

需要明确的是,知道如何选择软件对整体项目交付工作会起到关键作用。虽然每个用户并不需要了解在其特定工作领域以外的每一项软件工具,但是了解其他团队成员能使用哪些软件,以及这些工具如何能影响自己的工作是有意义的。例如,尽管其中的一位团队成员可能不使用设备制造软件,但了解他们的数据怎样在该软件中运用将非常有帮助。

在一个一体化的团队环境中,一种软件的缺陷所造成的限制往往会超出它给主要用户带来的影响。因此,一个团队成员使用某项软件的决定可能受其他人影响。随着用户不断获得 BIM 及如何处理非协同障碍的经验,实现共同理解的可能性将越来越明显。

BIM 帮助用户提升了使用专业分析工具的能力——从设计模型中提取数据并进行有价值的分析,这也成为许多项目推广使用 BIM 的动力之一。主动运用数据标准将有助于促进项目建设活动中的交流。对于所有用户而言,在此方面拥有的巨大潜力可以在很大程度上增加 BIM 的价值。此功能常应用于工程量概算。

虽然 BIM 促进了一种新的工作方式产生,但许多传统的需求仍然存在。当使用 CAD 工作时,建筑师还是喜欢在开始 BIM 设计时使用普通构件,然后再用制造商的特定构件替代它们。将近一半的建筑师非常同意这个看法。

但是承包商需要细节。顺理成章,近一半的承包商强烈认同,在开始建模时他们需要尽可能多的制造商的具体构件数据。虽然承包商可以通过其他团队成员获取一些对象数据,但许多承包商会建立自己的模型,并在进程中自己创建构件数据。随着越来越多的承包商成为重要用户,给 BIM 提供制造商信息的压力可能还会上升。

BIM 的发展远远超出了任何一个公司或行业组织、软件平台或实践领域的发展。由于其广泛的影响,参与者或用户贯穿于整个行业,同时也促进了 BIM 的发展,这种有广泛基础的方法创造了一个非常活跃的环境,就像是不断填充小块图片的拼图游戏。而其最大的缺陷是,任何增加的小块可能并不是完全适合于与其他人一起完成的大图片。因此,项目建设团队成员可能无法共享 BIM 相关项目中的各种技术数据。由于如此众多的参与者努力开发利用 BIM,使得许多人呼吁制定标准,以便于这些不同的平台和应用程序可以相互兼容。在这一使命下,building SMART 联盟于 2006 年成立,定义了建设过程中数据兼容性的标准。在该组织的努力下,建立了行业基础课程,它能够以电子格式界定建筑设计的各项要素,并可以在应用程序之间实现共享。整个行业的参与者用户正在尝试实施行业基础课程。

越来越多的 BIM 使用者不断努力掌握各种技术以获得竞争优势,许多公司预计他们的培训需求也会增加。因为 BIM 仍然是行业内一项新兴的技术,用户反映出最强烈的对基本技能的迫切需要。然而,随着他们经验的增长,可以预期在未来几年会有更高层次的培训需求。其他标准也发挥了作用,比如 XML,它代表可扩展标记语言,此格式可通过互联网实现数据交换。总体上,BIM 用户会被培训资源的各种核心知识所吸引。用户在引入外部培训师、场外定点培训、使用内部培训师或自学方面所做的决定几乎没有差异。

建筑师最不倾向自学,但最有可能在办公室或其他外部地点引入外部培训师。工程师们最希望采用自学的方式。承包商较倾向使用内部培训,最不希望采用办公室之外的培训。十分之一的业主把 BIM 外包,因此不需要培训。大多数专家级用户依靠内部培训。内部培训呈稳步上升趋势,同时公司也获取相应经验。这表明当用户更多地投入 BIM 时,他们将看到员工培训带来的益处。初级用户和小型企业比其他所有用户更有可能采用自学。要加快培养企业的 BIM 应用能力,另一个途径就是鼓励高校培养学生运用 BIM 工具,毕业后进入企业即成为现成的 BIM 专家。

(一)项目级 BIM 团队的组建

一般来讲,项目级 BIM 团队中应包含各专业 BIM 工程师、软件开发工程师、管理咨询师、培训讲师等。项目级 BIM 团队的组建应遵循以下原则。

第一,BIM 团队成员有明确的分工与职责,并设定相应奖惩措施。

第二,BIM 系统总监应具有建筑施工类专业本科以上学历,并具备丰富的施工经验、BIM 管理经验。

第三,团队中包含建筑、结构、机电各专业管理人员若干名,要求具备相关专业本科以上学历,具有相关工程设计或施工经验。

第四,团队中包含进度管理组管理人员若干名,要求具备相关专业本科以上学历,具有相关工程施工经验。

第五,团队中除配备建筑、结构、机电系统专业人员外,还需配备相关协调人员、系统维护管理员。

第六,在项目实施过程中,可以根据项目情况,考虑增加团队角色,如增设项目副总监、BIM 技术负责人等。

(二)BIM 人员培训

在组建企业 BIM 团队前,建议企业挑选合适的技术人员及管理人员进行 BIM 技术培训,了解 BIM 概念和相关技术,以及 BIM 实施带来的资源管理、业务组织、流程变化等,从而使培训成员深入学习 BIM 在施工行业的实施方法和技术路线,提高建模成员的 BIM 软件操作能力,加深管理人员 BIM 施工管理理念,加快推动施工人员由单一型技术人才向复合型人才转变,进而将 BIM 技术与方法应用到企业所有业务活动中,构建企业的信息共享、业务协同平台,实现企业的知识管理和系统优化,提升企业的核心竞争力。BIM 人员培训应遵循以下原则。

第一,关于培训对象,应选择具有建筑工程或相关专业大专以上学历、具备建筑信息化基础知识、掌握相关软件基础应用的设计、施工、房地产开发公司技术和管理人员。

第二,关于培训方式,应采取脱产集中学习方式,授课地点应安排在多媒体计算机房,每次培训人数不宜超过 30 人。为学员配备计算机,在集中授课时,配有助教随时辅导学员上机操作。技术部负责制订培训计划、组织培训实施、跟踪检查并定期汇报培训情况,最后进行考核,以确保培训的质量和效果。

第三,关于培训主题,应普及 BIM 的基础概念,从项目实例中剖析 BIM 的重要性,深度剖析 BIM 的发展前景与趋势,多方位展示 BIM 在实际项目操作中与各个方面的联系;围绕市场主要 BIM 应用软件进行培训,同时要对学员进行测试,将理论学习与项目实战相结合,并对学员的培训状况及时反馈。

BIM 在项目中的工作模式有多种,总承包单位在工程施工前期可以选择在项目部组建自己的 BIM 团队,完成项目中一切 BIM 技术应用(建模、施工模拟、工程量统计等);也可以选择将 BIM 技术应用委托给第三方单位,由第三方单位 BIM 团队负责 BIM 模型建立及应用,并与总承包单位各相关专业技术部门进行工作对接。总包单位可根据需求,选择不同的 BIM 工作模式,并成立相应的项目级 BIM 团队。

三、BIM 实施标准的解析

BIM 是一种新兴的复杂建筑辅助技术,融入项目的各个阶段与层面。在项目 BIM 实施前期,应制定相应的 BIM 实施标准,对 BIM 模型的建立及应用进行规划,实施标准主要内容包括:明确 BIM 建模专业、明确各专业部门负责人、明确 BIM 团队任务分配、明确 BIM 团队工作计划、制定 BIM 模型建立标准。

现有的 BIM 标准有美国 NBIMS 标准、新加坡 BIM 指南、英国 Autodesk-

BIM 设计标准、中国 CBIMS 标准以及各类地方 BIM 标准等。但由于每个施工项目的复杂程度不同、施工办法不同及企业管理模式不同,仅仅依照国家级统一标准难以实现在 BIM 实施过程中对细节的把握,导致对工程的 BIM 实施造成一定困扰。为了能有效地利用 BIM 技术,企业有必要在项目开始阶段建立针对性强、目标明确的企业级乃至于项目级的 BIM 实施办法与标准,全面指导项目BIM 工作的开展。总承包单位可依据已发行的 BIM 标准,设计院提供的蓝图、版本号、模型参数等内容,制定企业级、项目级 BIM 实施标准。

大型项目模型的建立涉及专业多、楼层多、构件多,BIM 模型的建立一般是分层、分区、分专业。为了保证各专业建模人员以及相关分包在模型建立过程中,能够进行及时有效的协同,确保大家的工作能够有效对接,同时保证模型的及时更新,BIM 团队在建立模型时应遵从一定的建模规则,以保证每一部分的模型在合并之后的融合度,避免出现模型质量、深度等参差不齐的现象。为了保证建模工作的有效协同和后期的数据分析,需对各专业的工作集划分、系统命名进行规范化管理,并将不同的系统、工作集分别赋予不同颜色加以区分,方便后期模型的深化调整。由于每个项目需求不同,在一个项目中的有效工作集划分标准未必适用于另一个项目,故应尽量避免把工作集想象成传统的图层或者图层标准,划分标准并非一成不变。建议综合考虑项目的具体状况和人员状况,按照工作集拆分标准进行工作集拆分。为了确保硬件运行性能,工作集拆分的基本原则是:对于大于 50 MB 的文件都应进行检查,考虑是否能进行进一步拆分。理论上,文件的大小不应超过 200 MB。

(一)BIM 模型建立要求

1.模型命名规则

大型项目模型分块建立,建模过程中随着模型深度的加深、设计变更的增多,BIM 模型文件数量成倍增长。为区分不同项目、不同专业、不同时间创建的模型文件,缩短寻找目标模型的时间,建模过程中应统一使用一个命名规则。

2.模型深度控制

在建筑设计、施工的各个阶段,所需要的 BIM 模型的深度不同,如建筑方案设计阶段仅需要了解建筑的外观、整体布局,而施工工程量统计则需要了解每一个构件的尺寸、材料、价格等。这就需要根据工程需要,针对不同项目、项目实施的不同阶段建立对应标准的 BIM 模型。

3.模型质量控制

BIM 模型的用处大体体现在以下两方面:可视化展示与指导施工。不论哪个方面,都需要对 BIM 模型进行严格的质量控制,才能充分发挥其优势,真正用于指导施工。

4.模型准确度控制

BIM 模型是利用计算机技术实现对建筑的可视化展示,需保持与实际建筑的高度一致性,才能运用到后期的结构分析、施工控制及运维管理中。

5.模型完整度控制

BIM 模型的完整度包含两部分:一是模型本身的完整度,二是模型信息的完整度。模型本身的完整度应包括建筑的各楼层到各构件的完整展示。信息的完整度包含工程施工所需的全部信息,各构件信息都为后期工作提供有力依据。如钢筋信息的添加给后期二维施工图中平法标注自动生成提供属性信息。

6.模型文件大小控制

BIM 软件因包含大量信息,占用内存大,建模过程中要控制模型文件的大小,避免对电脑的损耗及建模时间的浪费。

7.模型整合标准

对各专业、各区域的模型进行整合时,应保证每个子模型的准确性,并保证各子模型的原点一致。

8.模型交付规则

模型的交付完成建筑信息的传递,交付过程应注意交付文件的整理,保持建筑信息的完整性。

(二)BIM 模型建立具体建议

1.BIM 移动终端

基于网络采用笔记本电脑、移动平台等进行模型建立及修改。

2.模型命名规则

制定相应模型的命名规则,方便文件筛选与整理。

3.BIM 制图

需按照美国建筑师学会制定的模型详细等级来控制 BIM 模型中的建筑元素的深度。

4.模型准确度控制

模型准确度的校验遵从以下步骤:建模人员自检,检查的方法是结合结构常识与二维图纸进行对照调整;专业负责人审查;合模人员自检,主要检查对各子模型的链接是否正确;项目负责人审查。

5.模型完整度控制

应保证 BIM 模型本身的完整度,尤其注意保证关键及复杂部位的模型完整度。BIM 模型本身应精确到螺栓的等级,如对机电构件,检查阀门、管件是否完备;对发电机组,检查其油箱、油泵和油管是否完备。BIM 模型信息的完整体现在构建参数的添加上,如对柱构件,检查材料、截面尺寸、长度、配筋、保护层厚度信息是否完整等。

6.模型文件大小

控制 BIM 模型文件大小,超过 200 MB 必须拆分为若干个文件,以减轻电脑负荷及软件崩溃概率,控制模型文件大小在规定的范围内的办法如:分区、分专业建模,最后合模;族文件建立时,建模人员应使相互构件间关系条理清晰,减少不必要的嵌套;图层尽量符合前期 CAD 制图命名的习惯,避免垃圾图层的出现。

7.模型整合标准

模型整合前期应确保子模型的准确性,这需要项目负责人员根据 BIM 建模标准对子模型进行审核,并在整合前进行无用构件、图层的删除整理,注意保持各子模型在合模时原点及坐标系的一致性。

8.模型交付规则

BIM 模型建成后,在进一步移交给施工方或业主方时,应遵从规定的交付准则。模型的交付应按相关专业、区域的划分创建相应名称的文件夹,并链接相关文件;交付 Word 版模型详细说明。

四、BIM 技术资源配置的研究

(一)硬件配置

BIM 模型带有庞大的信息数据,因此,在 BIM 实施的硬件配置上也要有严格的要求,并在结合项目需求以及节约成本的基础上,需要根据不同的使用用途和方向,对硬件配置进行分级设置,即最大程度保证硬件设备在 BIM 实施过程中的正常运转,最大限度地控制成本。

在项目 BIM 实施过程中,根据工程实际情况搭建 BIM Server 系统,方便现场管理人员和 BIM 中心团队进行模型的共享和信息传递。通过在项目部和 BIM 中心各搭建服务器,以 BIM 中心的服务器作为主服务器,通过广域网将两台服务器进行互联,然后分别给项目部和 BIM 中心建立模型的计算机进行授权,就可以随时将自己修改的模型上传到服务器上,实现模型的异地共享,确保模型的实时更新。

(二)软件配置

BIM 工作覆盖面大,应用点多,因此任何单一的软件工具都无法全面支持,需要根据工程实施经验,拟定采用合适的软件作为项目的主要模型工具,并自主开发或购买成熟的 BIM 协同平台作为管理依托。

为了保证数据的可靠性,项目中所使用的 BIM 软件应确保正常工作,且甲方在工程结束后可继续使用,以保证 BIM 数据的统一、安全和可延续性。同时根据公司实力可自主研发用于指导施工的实用性软件,如三维钢筋节点布置软件,其具有自动生成三维形体、自动避让钢骨柱翼缘、自动干涉检查、自动生成碰撞报告等多项功能;BIM 技术支吊架软件,其具有完善的产品族库、专业化的管道受力计算、便捷的预留孔洞等多项功能模块。在工作协同、综合管理方面,通过自主研发的施工总包 BIM 协同平台,来满足工程建设各阶段需求。

(三)工作节点

为了充分配合工程,实际应用将根据工程施工进度设计 BIM 应用方案。主要节点为:投标阶段初步完成基础模型建立、厂区模拟、应用规划、管理规划,依实际情况还可建立相关的工艺等动画;中标进场前初步制定本项目 BIM 实施导则、交底方案,完成项目 BIM 标准大纲;人员进场前针对性进行 BIM 技能培训,实现各专业管理人员掌握 BIM 技能;确保各施工节点前一个月完成专项 BIM 模型,并初步完成方案会审;各专业分包投标前一个月完成分包所负责部分模型工作,用于工程量分析,招标准备;各专项工作结束后一个月完成竣工模型以及相应信息的三维交付;工程整体竣工后针对物业进行三维数据交付。

(四)建模计划

模型作为 BIM 实施的数据基础,为了确保 BIM 实施能够顺利进行,应根据应用节点计划合理安排建模计划,并将时间节点、模型需求、模型精度、责任人、应用方向等细节进行明确要求,确保能够在规定时间内提供相应的 BIM 应用模型。

项目模型不是包含项目的所有元素,因此,BIM 规划团队必须定义清楚 BIM 模型需要包含的项目元素以及每个专业需要的特定交付成果,以便使 BIM 实施的价值最大化,同时最小化不必要的模型创建。组织职责和人员安排是要定义每个组织(项目参与方)的职责、责任以及合同要求,对于每一个已经确定要实施的 BIM 应用,都需要指定由哪个参与方安排人员负责执行。BIM 团队可能需要分包人和供货商创建相应部分的模型做 3D 设计协调,也可能希望收到分包人和供货商的模型或数据并入协调模型或记录模型。需要分包人和供货商完成的 BIM 工作,要在合同中定义范围、模型交付时间、文件及数据格式等。

在确定电子沟通程序和技术基础设施要求以后,核心 BIM 团队必须就模型的创建、组织、沟通和控制等达成共识,模型创建基本原则包括以下两方面:其一,参考模型文件统一坐标原点,以方便模型集成;其二,定义一个由所有设计师、承包商、供货商使用的文件命名结构,定义模型正确性和允许误差协议。

(五)实施流程

设计 BIM 流程的主要任务,是为上一阶段选定的每一个 BIM 应用设计具体的实施流程,以及为不同的 BIM 应用之间制定总体的执行流程。

BIM 流程的两个层次:总体流程和详细流程。总体流程是说明在一个建设项目里面计划实施的不同 BIM 应用之间的关系,包括在这个过程中主要的信息交换要求。详细流程是说明上述每一个特定的 BIM 应用的详细工作顺序,包括每个过程的责任方、参考信息的内容和每一个过程中创建和共享的信息交换要求。

建立 BIM 总体流程的工作包括以下几方面:首先,把选定的所有 BIM 应用放入总体流程。有些 BIM 应用可能在流程的多处出现(例如项目的每个阶段都要进行设计建模);其次,根据建设项目的发展阶段,为 BIM 应用在总体流程中安排顺序;再次,定义每个 BIM 过程的责任方。有些 BIM 过程的责任方可能不止一个,规划团队需要仔细讨论哪些参与方最合适完成某个任务,被定义的责任方需要清楚地确定执行每个 BIM 过程需要的输入信息以及由此而产生的输出信息;最后,确定执行每一个 BIM 应用需要的信息交换要求。总体流程包括过程内部、过程之间以及成员之间的关键信息交换内容,重要的是要包含从一个参与方向另一个参与方进行传递的信息。

详细流程包括以下三类信息:参考信息,执行一个 BIM 应用需要的公司内部和外部信息资源。进程,构成一个 BIM 应用需要的具有逻辑顺序的活动。信息交换:一个进程产生的 BIM 交付成果,可能会被以后的进程作为资源。创建详细流程的工作包括以下内容:首先,把 BIM 应用逐层分解为一组进程;其次,定义进程之间的相互关系,弄清楚每个进程的前置进程和后置进程,有的进程可能有多个前置或后置进程;最后,生成具有参考信息、信息交换以及责任方等信息的详细流程表(见表 8 - 3 - 1)。

表 8 - 3 - 1　详细流程表

参考信息	确定需要执行某个 BIM 应用的信息资源,例如价格数据库、气象数据、产品数据等
信息交换	所有内部和外部交换的信息
责任方	确定每一个进程的责任方
在流程的重要决策点设置决策框	决策框既可以判断执行结果是否满足要求,也可以根据决策改变流程路径。决策框可以代表一个 BIM 任务结束以前的任何决策、循环迭代或者质量控制检查
记录、审核、改进流程为将来所用	通过对实际流程和计划流程进行比较,从而改进流程,为未来其他项目的 BIM 应用服务

为了保证 BIM 的顺利实施,必须定义不同 BIM 流程之间以及 BIM 参与方之间关键信息的交换,并且保证定义的关键信息为每个 BIM 团队所了解熟知。BIM 流程确定了项目参与方之间的信息交换行为,本阶段的任务是要为每一个信息交换的创建方和接收方确定项目交换的内容,主要工作程序有以下几项。

(1)定义 BIM 总体流程图中的每一个信息交换。两个项目参与方之间的信息交换必须定义,使得所有参与方都清楚随着建设项目工期的进展,相应的 BIM 交付成果是什么。

(2)为项目选择模型元素分解结构,使得信息交换内容的定义标准化。

(3)确定每一个信息交换的输入、输出信息要求,内容包括:①模型接收者:确定所有需要执行接收信息的项目团队成员。②模型文件类型:列出所有在项目中拟使用的软件名称以及版本号,这对于确定信息交换之间需要的数据互用非常必要。③信息详细程度:信息详细程度目前分为三个档次,精确尺寸和位置,包括材料和对象参数;总体尺寸和位置,包括参数数据;概念尺寸和位置。④注释:不是所有模型需要的内容都能被信息和元素分解结构覆盖,注释可以解决这个问题,注释的内容可以包括模型数据或者模型技巧。

(4)分配责任方创建需要的信息。信息交换的每一个内容都必须确定负责创建的责任方。潜在责任方有建筑师、结构工程师、机电工程师、承包商、土木工程师、设施管理方和供货商等。

(5)比较输入和输出的内容。信息交换内容确定以后,项目团队对于输出(创建的信息)灌入信息(需求的信息)不一致的元素需要进行专门讨论,并形成解决方案。

所谓基础设施就是保障前述 BIM 规划能够高效实施的各类支持系统,这些支持系统构成了 BIM 应用的执行环境。最终这些支持系统和执行环境全部都要落实到 BIM Project Execution Plan(BIM 项目执行计划)的文本中,这份文本将成为整个项目执行的核心依据。BIM 目标要说明在该建设项目中实施 BIM 的根本目的,以及为什么决定选择这些 BIM 应用而不是另外一些,包括一个 BIM 目标的列表,决定实施的 BIM 应用清单,以及跟这些 BIM 应用相关的专门信息。

(六)战略合同

BIM 战略合同主要包含 BIM 实施可能会涉及建设项目总体实施流程的变化,例如,一体化程度高的项目实施流程如"设计—建造"或者"一体化项目实施"更有助于实现团队目标,BIM 规划团队需要界定 BIM 实施对项目实施结构、项目团队选择以及合同战略等的影响。业主和团队成员在起草有关 BIM 合同要求时需要特别小心,因为它将指导所有参与方的行为。可能的话,合同应该包含以下几方面内容:BIM 模型开发和所有参与方的职责;模型分享和可信度;数据互用/文件格式;模型管理;知识产权。除了业主和承包人的合同以外,主承包人和分包人以及供货商的合同也必须包含相应的 BIM 内容。

(七)项目实施方法

BIM 可以在任何形式的项目执行流程中实施,但越是一体化程度高的项目执行流程,BIM 实施就越容易。在衡量 BIM 对项目流程的影响时,需要考虑以下四方面的因素:组织架构/实施方法、采购方法、付款方法和工作分解结构(WBS)。在选择项目实施方法和准备合同条款的时候,需要考虑 BIM 要求,在合同条款中根据 BIM 规划分配角色和责任。

(八)会议沟通

会议沟通程序,包括以下几方面:界定所有需要模型支持的会议,需要参考模型内容的会议时间表,模型提交和批准的程序和协议。团队需要确定实施 BIM 需要哪些硬件、软件、空间和网络等基础设施,其他诸如团队位置(集中还是分散办公)、技术培训等事项也需要讨论。

实施 BIM 的硬件和软件:所有团队成员必须接受培训,能够使用相应的软硬件系统,为了解决可能的数据互用问题,所有参与方还必须对使用什么软件、用什么文件格式进行存储等达成共识。

选择软件的时候需要考虑以下几类常用软件：设计创建、3D设计协调、虚拟样机、成本预算、4D模型、能量模型等。

交互式工作空间：团队需要考虑一个在项目生命周期内可以使用的物理环境，用于协同、沟通和审核工作，以改进BIM规划的决策过程，包括支持团队浏览模型互动讨论以及异地成员参与的会议系统。

(九)质量控制

为了保证项目每个阶段的模型质量，必须定义和执行模型质量控制程序，在项目进展过程中建立起来的每一个模型，都必须预先计划好模型内容、详细程度、格式、负责更新的责任方以及对所有参与方的发布等。

以下是质量控制需要完成的一些工作。

第一，视觉检查。保证模型充分体现设计意图，没有多余部件。

第二，碰撞检查。检查模型中不同部件之间的碰撞。

第三，标准检查。检查模型是否遵守相应的BIM和CAD标准。

第四，元素核实。保证模型中没有未定义或定义不正确的元素。

第五，关键项目信息（见表8-3-1）。下面的一些项目信息有助于团队成员更好地理解项目、项目状态和项目主要成员，需要在BIM规划中尽早定义。

表8-3-1 关键项目信息表

1	项目名称、地址
2	简要项目描述
3	项目阶段和里程碑
4	合同类型
5	合同状态；资金状态
7	主要项目联系人：业主、设计、咨询顾问、主承包商、分承包商、制造商、供货商等，每一个项目参与方至少要有一个BIM代表，而且其联系信息应该在团队中公布

五、BIM技术实施保障措施的研究

(一)建立系统运行保障体系

按BIM组织架构表成立总包BIM系统执行小组，由BIM系统总监全权负

责。经业主审核批准,小组人员立刻进场,以最快速度投入系统的创建工作。

成立 BIM 系统领导小组,小组成员由总包项目总经理、项目总工、设计及 BIM 系统总监、土建总监、钢结构总监、机电总监、装饰总监和幕墙总监组成,定期沟通,及时解决相关问题。

总包各职能部门设专人对口 BIM 系统执行小组,根据团队需要及时提供现场进展信息。成立 BIM 系统总分包联合团队,各分包派固定的专业人员参加。如果因故需要更换,必须有很好的交接,保持其工作的连续性。

购买足够数量的 BIM 正版软件,配备满足软件操作和模型应用要求的足够数量的硬件设备,并确保配置符合要求。

(二)编制 BIM 系统运行工作计划

各分包单位、供应单位根据总工期以及深化设计出图要求,编制 BIM 系统建模以及分阶段 BIM 模型数据提交计划、四维进度模型提交计划等,由总包 BIM 系统执行小组审核,审核通过后由总包 BIM 系统执行小组正式发文,各分包单位参照执行。

根据各分包单位的计划,编制各专业碰撞检测计划,修改后重新提交计划。

(三)建立系统运行例会制度

BIM 系统联合团队成员,每周召开一次专题会议,汇报工作进展情况以及遇到的困难、需要总包协调的问题。

总包 BIM 系统执行小组,每周内部召开一次工作碰头会,针对本周本条线工作进展情况和遇到的问题,制定下周工作目标。

BIM 系统联合团队成员,必须参加每周的工程例会和设计协调会,及时了解设计和工程进展情况。

(四)建立系统运行检查机制

BIM 系统是一个庞大的操作运行系统,需要各方协同参与。由于参与的人员多且复杂,需要建立健全一定的检查制度来保证体系的正常运作。

对各分包单位,每两周进行一次系统执行情况飞行检查,了解 BIM 系统执行的真实情况、过程控制情况和变更修改情况。

对各分包单位使用的 BIM 模型和软件进行有效性检查,确保模型和工作同步进行。

(五)模型维护和应用机制

督促各分包单位在施工过程中维护和应用 BIM 模型,按要求及时更新和深化 BIM 模型,并提交相应的 BIM 应用成果。例如,在机电管线综合设计过程中,对综合后的管线进行碰撞校验并生成检验报告。设计人员根据报告所显示的碰撞点与碰撞量调整管线布局,经过若干个检测与调整的循环后,可以获得一个较为精确的管线综合平衡设计。

在得到管线布局最佳状态的三维模型后,按要求分别导出管线综合图、综合剖面图、支架布置图以及各专业平面图,并生成机电设备及材料量化表。

在管线综合过程中建立精确的 BIM 模型,还可以采用 Autodesk Inventor 软件制作管道预制加工图,从而大大提高项目的管道加工预制化和安装工程的集成化程度,进一步提高施工质量,加快施工进度。

运用 Revit Navisworks 软件建立四维进度模型,在相应部位施工前一个月内进行施工模拟,及时优化工期计划,指导施工实施。同时,按业主所要求的时间节点提交与施工进度相一致的 BIM 模型。

在相应部位施工前的一个月内,根据施工进度及时更新和集成 BIM 模型,进行碰撞检验,提供包括具体碰撞位置的检测报告。设计人员根据报告迅速找到碰撞点所在位置,并进行逐一调整。为了避免在调整过程中有新的碰撞点产生,检测和调整会进行多次循环,直至碰撞报告显示零碰撞点。

对于施工变更引起的模型修改,在收到各方确认的变更单后的 14 天内完成。

在出具完工证明以前,向业主提交真实准确的竣工 BIM 模型、BIM 应用资料和设备信息等,确保业主和物业管理公司在运营阶段具备充足的信息。

集成和验证最终的 BIM 竣工模型,按要求提供给业主。

(六)BIM 模型的应用计划

根据施工进度和深化设计及时更新和集成 BIM 模型,进行碰撞检测,提供具体碰撞的检测报告,并提供相应的解决方案,及时协调解决碰撞问题。

基于 BIM 模型,探讨短期及中期之施工方案;准备机电综合管道图(CSD)及综合结构留洞图(CBWD)等施工深化图纸,及时发现管线与管线、管线与建筑、管线与结构之间的碰撞点;及时提供能快速浏览的 mvf,dwf 等格式的模型和图片,以便各方查看和审阅。

在相应部位施工前的一个月内,施工进度表进行 4D 施工模拟,提供图片和动画视频等文件,协调施工各方优化时间安排。

应用网上文件管理协同平台,确保项目信息及时有效传递。

将视频监视系统与网上文件管理平台整合,实现施工现场的实时监控和管理。

(七)实施全过程规划

为了在项目期间最有效地利用协同项目管理与 BIM 计划,先投入时间对项目各阶段中团队各利益相关方之间的协作方式进行规划。从建筑的设计、施工、运营,直至建筑全生命周期的终结,各种信息始终整合于一个三维模型信息数据库中;设计、施工、运营和业主等各方可以基于 BIM 进行协同工作,有效提高工作效率、节省资源、降低成本,以实现可持续发展。借助 BIM 模型,可大大提高建筑工程的信息集成化程度,从而为项目的相关利益方提供一个信息交换和共享的平台。结合更多的数字化技术,还可以被用于模拟建筑物在真实世界中的状态和变化,在建成之前,相关利益方就能对整个工程项目的成败做出完整的分析和评估。

(八)协同平台准备

为了保证各专业内和专业之间信息模型的无缝衔接和及时沟通,BIM 项目需要在一个统一的平台上完成。该协同平台可以是专门的平台软件,也可以利用 Windows 操作系统实现。其关键技术是具备一套具体可行的合作规则。协同平台应具备的最基本功能是信息管理和人员管理。

在协同化设计的工作模式下,设计成果的传递不应为 U 盘拷贝及快递发图纸等系列低效滞后的方式,而应利用 Windows 共享、FTP 服务器等共享功能。

BIM 设计传输的数据量远大于传统设计,其数据量能达到几百兆,甚至于几个 GB,如果没有一个统一的平台来承载信息,则设计的效率会大大降低。信息管理的另一方面是信息安全。项目中有些信息不宜公开,比如 ABD 的工作环境 workspace 等。这就要求在项目中的信息设定权限。各方面人员只能根据自己的权限享有 BIM 信息。至此,在项目中应用 BIM 所采用的软件及硬件配置,BIM 实施标准及建模要求,BIM 应用具体执行计划,项目参与人员的工作职责和工作内容,以及团队协同工作的平台均已经准备完毕。那么下面要做的就是项目参与方各司其职,进行建模、沟通、协调。

第四节　BIM 技术的信息化建筑
施工工程应用研究

一、BIM 技术的应用现状

(一)BIM 技术在国外的应用

1.BIM 技术在美国的应用现状

美国的 BIM 技术至今为止,依然走在世界的前列,不仅仅是因为美国在 BIM 技术中起步早,还因为美国重视建筑项目的信息化研究,BIM 技术的应用相当广泛。为了发展 BIM 技术,美国有专门的协会,出台了专门的标准。

据不完全统计,美国有超过一半的设计单位都在应用 BIM 技术,由美国政府负责建设的项目,需要完全采用 BIM 技术。在美国大型建筑企业的技术应用率可以说是非常高的,可以达到 90%,中型企业与小型企业的达标率不如大公司,但是与其他国家相比,也是非常高的。美国的建筑工程建设行业的 300 强企业均已应用 BIM 技术,并获得了较高的回报。关于美国 BIM 的发展,有以下三大 BIM 的相关机构。

第一,Building SMART 联盟。该联盟一直致力于 BIM 技术的推广与研究,所有的项目参与主体,在项目的生命周期时间内都可以对项目信息共享。利用 BIM 技术可以实现信息的共享与交流,避免出现不必要的资源浪费。美国国家 BIM 标准项目委员会负责制定国家 BIM 标准。美国 Building SMART 联盟的目标就是在 2020 之前帮助建设部门避免浪费,节省资金。

第二,GSA(美国总务署,简称 GSA)。其下属部门的公共建筑服务部门的首席设计师办公室推出了全国的 3D、4D 的 BIM 计划,自此之后,GSA 要求招标级别的大型项目必须要使用 BIM 技术,最起码要求在空间规划验证和最终概念展示时一定要提供 BIM 模型,在 GSA 所有的项目中都鼓励使用 BIM 技术,GSA 陆续在官网上公布了各个领域的使用指南,对于 BIM 技术的使用规范与现实应用具有重要的意义。

第三,USACE(美国陆军工程兵团,简称 USACE)。早在 2006 年,USACE 就公布了为期 15 年的 BIM 发展路径规划,在这项规划中,USACE 承诺在未来所有的军事建筑项目中都会使用 BIM 技术。

2.BIM技术在英国的应用现状

早在2011年,英国曾组织过全英的BIM调研,从网上的1000份调研问卷中汇总英国的BIM应用以及使用情况。从统计结果发现:2010年,仅有13%的人在使用BIM,而43%的人从未听说过BIM;到了2011年,情况有所好转,只有21%的人从没听说过BIM,使用的人数也有所上升,在短短一年的时间里,英国对BIM技术的了解情况就有所上升。由上述数据也可以看出英国对BIM技术的重视程度以及推广力度。在调查中,有超过一半的人表示认同BIM作为未来建筑行业的发展趋势。

英国建筑业BIM标准委员会于2011年9月发布了适用于Bentley的英国建筑业BIM标准。同年的5月,英国的内阁发布了相关文件,对建筑信息模型的章节做出了明确的规定,政府强制要求使用BIM技术的文件也得到了建筑BIM标准委员会的支持,在此之后,英国陆续向外公布了英国的建筑行业BIM标准。

英国的伦敦拥有在欧洲乃至整个世界中都享有一定知名度的设计企业,如BDP、Zaha Hadid Architects、SOM等等。与其他国家相比,英国政府发布的强制使用BIM技术的文件可以得到迅速且高效的执行,也就非常容易理解了,迄今为止,英国的BIM技术依然处于世界领先地位。

3.BIM技术在新加坡的应用现状

新加坡负责建筑业管理的国家机构为建筑管理署,简称BCA。在2011年,新加坡的BCA就发布了BIM发展规划,对于发展的目标做出了明确的规划,同时也针对新加坡发展BIM的可能障碍制定了相关的处理政策,对外发布了项目的协助指南。

为了推广BIM技术,在早期的时候,BCA为新加坡的部分公司成立了BIM基金,鼓励企业使用BIM技术并将其切实应用到实际的工程项目中,一家企业可以申请不超过10.5万新加坡元作为活动经费,可以用来购买BIM硬件以及软件,申请资金的企业必须要到BCA学院组织开设的有关BIM建模或者管理技能培训的课程中进行学习。

新加坡为了推广BIM技术可以说付出了很多的努力,政府部门明确提出在所有的新建项目中使用BIM技术的要求。从2013年开始,BCA开始要求强制使用建筑BIM模型,从2014年开始,强制使用结构与机电模型,在2015年之前实现所有建筑面积大于5000 m²的项目都必须提交BIM模型的目标。这些措施为BIM技术的推广打下了良好的基础。

4.BIM 技术在日本的应用现状

BIM 技术在 2009 年得到了空前的发展,日本的很多设计公司与施工企业开始注意到 BIM 这项技术,并开始着手应用。在此之后,日本的国土交通省也开始公开表示要选择一项政府建设项目作为试点,开始着手探索 BIM 技术的发展与应用。这对日本 BIM 技术的发展与应用具有重要的意义。

在 2010 年,由日经商业出版公司(俗称"日经 BP 社")对 BIM 的调研情况来看,相比于 2007 年,日本国民对于 BIM 的知晓情况已经有了质的提升,相关企业的应用情况相对乐观。

日本的建筑学会在 2012 年发布了日本的 BIM 指南,从整体上对日本 BIM 的建筑发展提供了相关的建议与参考。

5.BIM 技术在韩国的应用现状

韩国在 BIM 技术上的应用可以说是十分领先的,韩国的政府高度重视 BIM 技术的发展与应用,韩国的政府部门一直都致力于 BIM 相关标准的制定,韩国的很多建筑工程都采用 BIM 技术,不管是市政工程还是企业的工程,韩国在 BIM 技术的应用上可以说是非常广泛的。

经过韩国的相关调研发现,韩国部分的 AEC 企业,对于 BIM 技术的认可度还是很高的。早在 2010 年,韩国就已经有企业开始应用 BIM 技术,在此之后,韩国对于 BIM 技术的信赖程度越来越高,BIM 技术应用的范围也越来越广。

就目前来讲,韩国的主要建筑公司对于 BIM 技术已经不再陌生,应用的范围相当广泛。例如,韩国知名的三星建设公司、大宁建设公司、大林(Daelim)建设公司等,将 BIM 技术应用到桥梁的施工管理之中,加强对 BIM 技术的可视化以及施工阶段的一体化的研究与应用。

6.BIM 技术在北欧国家的应用现状

北欧国家如芬兰、丹麦、瑞典、挪威,是一些主要的建筑行业信息技术的软件厂商所在地。这四个国家作为全球最先采用基础模型设计的国家,在推广建筑信息技术中也具有一定的影响力。

北欧国家的冬季相比一般的国家要长,建筑的预制化就显得十分重要,这为 BIM 技术的发展提供了更好的契机。

与之前所提到那些国家不同,北欧国家政府对于 BIM 技术并不是强制使用的,BIM 技术是企业自觉的行为。例如,芬兰最大的国有企业在发布建设要求的文件中,对于 BIM 技术有着明确的规定,在设计招标的过程中要求强制使用

BIM 技术,这些要求明确地罗列在项目合同之中,具有法律效力。虽然政府没有强制要求,但是企业却可以做到自觉应用,这足以说明 BIM 技术是未来建筑行业的发展趋势。

(二)BIM 技术在国内的应用

我国引进 BIM 技术的时间较晚。但是最近几年,BIM 技术在我国建筑行业的发展态势良好,不仅仅是建筑行业,我国政府以及相关企业领导和相关领域的学者、专家都在积极推广 BIM 技术。

2003 年,美国本特利(Bentley)公司在中国的 Bentley 用户大会上对 BIM 进行了深入推广。在这之后的一年,美国的欧特克(Autodesk)公司联合我国国内四所高校开始推行长城计划,建立了相关的联合实验室。

在行业协会方面,中国房地产协会商业地产专业委员会、中国建筑学会工程管理研究分会、中国土木工程学会计算机应用分会以及中国建筑业协会质量管理分会,联合组织发布了相关的研究报告,通过这些报告,我们可以看出 BIM 技术在我国的应用现状与发展情况,虽然与发达国家还有一定的差距,但是与过去相比,还是有一定进步的,相关单位对 BIM 的认识更加深入,对其相关操作也更加熟悉,听说过 BIM 的人越来越多。

在科研院校方面,国内的很多高校与相关的社会科学研究院,对 BIM 技术有了深入的认识,提出了中国建筑信息模型标准框架,并基于中国的实际情况,对相关内容给予了调整。

在产业界,以前主要是相关单位对 BIM 技术有一定的了解后,会选择在自己的工程项目中进行应用,伴随着 BIM 技术的不断发展,业主对于该项目的认识越来越深入,很多大型的房产商对于 BIM 技术也越来越感兴趣,一些大型的项目则是明确要求在项目的生命周期中使用 BIM 技术。如今,BIM 技术已经成为工程项目的准入门槛,在很多项目的招标合同之中,对 BIM 的要求也越来越明确。

不仅是国内的大型公司,现在国内一些中、小型的设计院或者企业在 BIM 技术的应用上也是越来越成熟,BIM 技术在应用与推广中不断进步。

BIM 在国内的成功应用有奥运村空间规划及物资管理信息系统、南水北调工程、香港地铁项目等。就现在的实际发展情况来看,我国一些大型设计企业或者一部分中型设计企业都拥有自己的 BIM 团队,对于 BIM 技术的应用与研究有一定的基础。虽然施工企业 BIM 技术的起步要晚于设计企业,但是施工企业对于 BIM 的应用与探索还是值得表扬的，在这其中，也出现了不少成功的案例。

2011 年，中华人民共和国住房和城乡建设部（以下简称住建部）在其发布的纲要中，要求在施工阶段开展 BIM 技术的研究与应用的过程中，应该不断深化 BIM 技术的应用，不能只是停留在设计阶段，而应向施工阶段进行延伸，减少在这个过程中信息传递的失误。

2014 年，住建部先后发布了《关于推进建筑业发展和改革的若干意见》《中国建筑施工行业信息化发展报告（2014）：BIM 应用与发展》。这两项文件的发布，对于在整个工程项目的运行以及维护的全过程中推广 BIM 技术具有重要作用。

通过相关报告的发布我们可以看出，目前我国施工行业信息化发展的真实情况，在项目的生命周期中应用 BIM 技术，并不是每一个项目都可以得到优化，因此，如何在项目中应用 BIM 技术，使项目可以提高生产效率，带来更高的管理效益，就成了施工单位重点思考的问题。下面将整合近年来中国建筑行业内 BIM 技术应用成功的案例，为以后的 BIM 技术实施与推广奠定良好的基础。

2014 年 10 月 29 日，上海市政府转发上海市建设管理委员会《关于在上海推进建筑信息模型技术应用的指导意见》（沪府办〔2014〕58 号，以下简称《指导意见》），首次从政府行政层面大力推进 BIM 技术的发展。为贯彻落实《指导意见》，上海市建筑信息模型技术应用推广联席会议办公室会同各成员单位研究制定了《上海市推进建筑信息模型技术应用三年行动计划（2015—2017）》，将从 2015 年到 2017 年，用这三年的时间有条理、分步骤地推进建筑模型技术的应用。

广东省在推广 BIM 技术的过程中，曾经启动过很多的关于 BIM 的项目，在一些大型项目工程中，在设计、施工、运营、管理等环节也采用了 BIM 技术。2019 年 12 月 26 日，广州市城市信息模型（CIM）平台建设试点工作联席会议办公室印发《关于进一步加快推进我市建筑信息模型（BIM）技术应用的通知》，自 2020 年 1 月 1 日起，新建的政府投资单体建筑面积 2 万平方米以上的大型房屋建筑工程、大型桥梁（隧道）工程和城市轨道交通工程，以及全市新建的装配式建筑工程都需要在规划、设计、施工及竣工验收阶段使用 BIM 技术。

深圳市住建局推广 BIM 技术时，采用的是推广 BIM 新型协同设计技术，深圳市专门成立 BIM 工作委员会，并将这项 BIM 应用推广计划写到政府的工作白皮书中，在工程设计领域推广 BIM 技术，在深圳市的大、中、小型企业深入发展 BIM 技术。

　　住建部对于推进建筑信息模型应用,出台过具体的指导意见,也罗列出明显的建设要求。在遵守建筑工程相关的法律,不违背国家相关标准的前提下,企业可以自主研发相关的技术,创新 BIM 技术发展,继续在建筑领域深化与普及BIM 技术的发展与应用,提升项目工程的质量,使工程建设朝着优质、节能、安全的方向发展。

　　2016 年,住建部发布的《2016—2020 年建筑业信息化发展纲要》,强调要全面提升建筑行业的信息化的水平,增强 BIM 技术的发展,将 BIM 技术与信息技术集成相结合,并应用到现实工程项目中,完善一体化行业监督与服务管理平台,朝着国际先进水平的建筑行业的目标迈进,鼓励企业在探索的过程中获得自己的知识产权。

　　工程建设可以说是将高投资与高风险这两项要素集中在一起的一项活动。工程建设如果质量不合格,不仅会造成投资成本的浪费,还会给相关人员带来生命威胁。BIM 技术可以有效避免因变更或者一些不确定的因素带来的图纸错误。这些错误会给后续的工作带来影响,轻则会造成资金上的浪费,重则会导致危害人民的生命安全。BIM 具有一定的协同功能,可以帮助工作人员在设计过程中看到每一步的结果,可以通过计算来检查建筑是否造成了资源以及资金上的浪费。BIM 技术可以节约资源,保护环境。这项技术可以在实物出现以前预先体验工程,及时解决在建筑工程中出现的问题。

　　BIM 技术可以使工程的每一个阶段都处于透明化的状态,这项技术的应用可以成为管理工程预算、预防腐败的一种手段。尤其是在市政工程建设中,我国自从引进 BIM 技术之后,通过 BIM 技术规划工程的建设,有助于节能,还可以提升我国工程建设的水准。

二、BIM 技术的智能化工程应用分析

　　BIM 技术运用计算机等信息化手段,能有效缓解建筑结构的设计压力。随着时间的推移和建筑智能化的不断发展,BIM 技术也得到了充分应用。也正是BIM 技术的应用与推广,为建筑工程的智能化设计与发展提供了新的思路,优化了建筑工程的智能化设计,提供了更加优质的建筑信息模型。

　　不难发现,我们的建筑工程的发展方向更加清晰明朗,智能建筑已经慢慢地作为建筑行业发展的主要趋势。为了实现建筑智能化的发展,BIM 技术的引进与实施就十分必要了。BIM 技术可以更好地利用建筑智能化的施工环境,可以根据建筑智能化的要求对信息化模型进行控制,根据现实情况在模型中对建筑智能化的建设方法进行调整，这样的施工方案会与现实情况的差距较小，能增加客户的满意程度。

（一）设计应用

BIM 技术在智能建筑的设计应用，需要构建 BIM 平台，在该平台中有智能建筑设计中可利用的数据库。数据库中有在智能建筑施工中实地勘查与收集的相关数据，将这些数据输入 BIM 平台的数据库之中。

之后是 BIM 的建模工作，根据现实的数据，在设计阶段构建出符合建筑实时情况的立体模型。设计人员在模型中进行智能建筑设计工作，根据建筑模型可以对设计方案的可实行性与准确性进行评估。

BIM 平台数据库的应用，为智能化建筑设计的信息交流提供了平台，有效地避免了信息交流不及时的情况，促进了设计人员之间的交流与合作。智能建筑中会涉及很多系统，所涉及的智能设备也比较多，通过 BIM 平台的数据库将设计方案的相关数据信息相联系，通过该平台来展示设计模型与设计方式，使智能建筑的各项系统功能与标准相一致。

（二）施工应用

建筑智能化的施工过程会受到多种因素的干扰，这为建筑施工带来了很大的压力。就目前的建筑智能化的发展来看，建筑的规模越来越庞大，也就越来越复杂，不免会在智能建筑施工中出现问题，再加上对智能建筑的多种要求，无形之中增加了建筑施工的难度。

智能建筑施工中应用 BIM 技术不仅会对以往的施工建设方法起到改良的作用，还可以优化施工现场的资源配置。现在很多的办公楼都采用智能化施工，作为典型的智能办公楼，在建筑施工中利用 BIM 技术，以现实的实际情况为根据进行资源配置，对相应的资源进行合理分配。

BIM 技术的优势之一就是可以根据现实的天气情况调整建筑施工的工艺，如果有强降水，可以利用 BIM 技术调整混凝土的浇筑工期，不仅可以避免一定的资源浪费，也可以节约时间，将施工工艺与时间点完美融合，在正确的时间点上使用最合适的施工工艺。

BIM 模型为建筑施工提供了可视化的操作，可以提前观察建筑的施工效果，也是施工状态的直接反映，在这个基础上对建筑施工的工艺与工序进行合理分配，BIM 技术的应用可以合理地避免建筑施工中出现的技术问题。

(三)运营应用

在智能建筑完工之后就会进入运营阶段,BIM 技术在建筑智能化的运营与应用中也发挥着至关重要的作用,对维护智能建筑运营的稳定与发展起着关键性的作用。以智能建筑中弱电系统为例,弱电系统竣工之后,弱电系统后期的维护工作会交给施工单位,也就是说运营单位没有办法了解具体的运营活动,这样就会造成大量的信息丢失。

如果在运营中使用 BIM 技术,就会出现信息互通,即便是后期将弱电的维修工作交给施工单位,运营人员也可以了解到相关信息。在 BIM 中有专业的弱电系统的运营模型,可以根据模型来显示相关数据,提升后期运营与维护的水平和质量。

三、建筑智能化中的 BIM 技术发展

BIM 技术在建筑智能化的发展过程中,不断引入信息化技术,将 BIM 技术与信息化技术相结合。在目前的建筑智能中,BIM 技术得到了充分的应用,因此在智能化建筑的应用中要做好 BIM 技术的应用与发展工作,以适应智能化建筑的发展需求。而信息化技术是 BIM 技术发展的基础,因此,在建筑智能领域利用好信息化技术,可以为 BIM 技术在建筑智能化中的发展做好准备。

伴随着科技的不断进步,建筑的信息化与智能化已经成为建筑行业的主流趋势。BIM 技术可以更好地整合与优化建筑设计与施工环节阶段的信息,促进信息行业的沟通与资源的优化。BIM 技术的应用可以适应建筑工程的信息要求,贯穿整个施工过程,在建筑行业拥有广阔的前景与市场价值。

建筑智能化中的 BIM 技术发展迅速,技术特征明显,因此,要做好 BIM 技术的推广工作,提升 BIM 技术在建筑智能化的应用率,不断调整 BIM 技术,以适应建筑工程智能化的发展需求。可以说 BIM 技术在建筑智能化中具有举足轻重的作用,BIM 技术的应用帮助建筑工程实现了智能化与信息化的发展目标,促进了现代智能化建筑工程的管理与控制建设。

BIM 技术最关键的内容也是最为核心的内容就是可以整合建筑在不同阶段与不同参与方的信息,通过对信息的整合与利用实现共享与转换,最终达到最佳的运用效果。对 BIM 信息进行整合与分析,可以提升建筑工程的安全性与科学性,关于 BIM 技术的发展主要体现在以下几方面。

(一)设备资产管理

建筑智能化的核心组成部分之一就是设备资产管理。BIM 模式的建筑环境模型、结构模型等一系列模型,可以记录建筑信息与建筑物的位置信息,在施工结束之后由专门的人员负责交给建设方。

通过建立图形化的数据库来实现对信息的了解,再结合相关的建筑模型以及相关信息进行数字化的管理。这会在很大程度上帮助运营维修人员把控整体的建筑。建设方可以聘请专业人员在这个基础上进行专业的处理,打造一个合理、完备的设备资产管理系统。

(二)可视化监控设备

可视化监控设备将监控平台与 BIM 技术相结合,利用 3D 技术可以将工程的细节完美地反映出来,大到管路,小到阀门。除此之外,BIM 技术还将传统的职能化系统、供配电、动力环境集中在一起,采用多种形式,实现各个系统之间的联动。

BIM 节能分析技术可以及时准确地分析出建筑能耗的数据,避免不必要的浪费,而 BIM 空间分析技术可以对相关数据进行准确的分析运算,这对于运维管理人员来说,既提供了方便,不用再进行人工运算,又可以提升监控的力度。不管是在管件还是在物业方面,实施可视化的监控管理,都会为工作人员带来便利,而相对成熟的 BIM 模式可以将上述内容结合在一起。

(三)虚拟漫游巡检

这项技能的发展可以实现在建筑物的内部观看、行走,可以为用户展现建筑物的三维场景,使用户及时了解建筑的实时情况。通过对 BIM 技术的开发,还可以实现自动巡检以及自动漫游等功能。

运营维护人员可以在相关的建筑模型中设定路线以及巡检的准则,按照预先设定的路线来完成相关的巡检规则,可以减少运维人员的工作量,还可以及时发现问题,合理规避风险。在发现问题之后,BIM 系统有准确的管路情况,可以根据现有的信息,进行模拟修补,最后找出最佳的解决方案。这在一定程度上可以解决不必要的资金浪费,还可以最快的速度将问题解决。

(四)BIM 技术与物联网技术结合

BIM 技术与物联网技术相结合,可以实现建筑工程实施过程的完全可视化。可以完全掌握建筑工程的施工进度,真正实现智能化管理。

BIM 技术与物联网技术可以实现实景视频与虚拟 3D 相结合的可视化管理,还可以实现准确定位以及远程监控等功能。在设备的资产上可以添加上 RFDI 标签,标签可以涵盖 BIM 数据库组件的所有信息,可以向相关的工作人员展示整体的信息,方便后期的运营与维修,含有这种类型标签的设备与产品,还可以向客户提供该设备的整体位置信息,真正体现了运营与维修体系的智能化。

BIM 与大数据、云平台结合的云技术可以实现计算机技术的分布式计算。通过这项技术,可以实现在短时间内完成数以亿计的信息计算,提供强大的网络服务支持,这项技术的结合与发展对于建筑智能化的发展具有重要的意义。

(五)BIM 技术与 VR(虚拟现实)技术的结合

建筑智能化中 BIM 技术与 VR 技术相结合,VR 技术可在 BIM 的三维模型基础之上,对可视性与具象性进行强化与巩固,VR 技术通过构建虚拟展示,能够为使用者提供更加优质的服务。

VR 技术是现实世界与 BIM 技术联系的纽带,推进 VR 技术与其他感官控制技术相结合,可使体验者更好地体验虚拟现实环境。BIM 是虚拟现实在建筑施工方面的细化应用,可以有效推动建筑智能化的发展。伴随着国家住建部以及地方政府建设主管部门对信息化技术的应用与推广,BIM 技术会在建筑智能化市场中得到越来越广阔的应用。

参 考 文 献

[1] 陈博. 新型绿色节能技术在建筑工程施工中的应用分析[J]. 科学与财富,2019(10):245.

[2] 陈红. 建筑通信与网络技术[M]. 北京:机械工业出版社,2004.

[3] 陈津生. 建筑工程法律责任风险与管理要点精析[M]. 北京:机械工业出版社,2011.

[4] 陈龙江. 谈建筑工程绿色施工技术的现场实施及动态管理[J]. 技术与市场,2018(3):199 - 200.

[5] 崔德晓. 对建筑工程管理中常见问题及对策的综合探讨[J]. 华东科技(学术版),2017(10):31.

[6] 杜运兴,尚守平,李丛笑. 土木建筑工程绿色施工技术[M]. 北京:中国建筑工业出版社,2010.

[7] 冯辉. 建筑工程质量事故分析与处理[M]. 北京:北京师范大学出版社,2012.

[8] 耿新华,王素英. 新技术在建筑工程施工中的应用[J]. 农家科技,2019(6):172.

[9] 何向红. 建筑工程质量控制[M]. 郑州:黄河水利出版社,2011.

[10] 和汝军. 有效提升建筑工程施工技术管理水平的方法[J]. 中小企业管理与科技,2018(5):20 - 21.

[11] 贾长华. 建筑工程项目质量控制研究[J]. 建材与装饰,2018(2):31.

[12] 江沛,王治国. 基于全寿命周期的建筑工程质量监管模式及方法研究[J]. 科技展望,2017(18):40.

[13] 康忠学,杨万全. 通信工程建设实务[M]. 成都:四川大学出版社,2013.

[14] 黎达胜. 建筑工程安全管理影响因子及评价模型研究[J]. 江西建材,2016(16):284.

[15] 李俊儒. 无损检测技术在建筑工程检测中的应用分析[J]. 民营科技,2019(3):165 - 167.

[16] 李永奎,王润石. 建设工程安全文化理论研究评述[J]. 工程管理学报. 2015(1):28 - 32.

[17] 梁维业. 建筑工程施工技术管理水平有效提升策略研究[J]. 低碳地产,2019(7):135.

[18] 梁卫华. 通信线路工程施工与监理[M]. 成都:西南交通大学出版社,2014.

[19] 梁毅. 基于建筑工程管理信息化的现状及策略研究[J]. 绿色环保建材,2017(1):154.

[20] 刘海东. 建筑工程施工管理中 BIM 技术的应用[J]. 建材与装饰,2019(20):145 - 146.

[21] 刘建强. 完善建筑工程安全管理措施探析[J]. 工业,2016(19):193 - 194.

[22] 刘磊. 探讨建筑工程管理创新及绿色施工管理[J]. 绿色环保建材,2020(8):188.

[23] 刘敏娜. 建筑工程造价预结算审核与建筑施工成本管理的关系探讨[J]. 建筑·建材·装饰,2020(3):39,42.

[24] 刘泽平. 浅谈建筑工程施工分包管理存在的问题及对策[J]. 建材与装饰,2020(7):225 - 226.

[25] 栾启亭,王东升. 建筑工程安全生产技术[M]. 青岛:中国海洋大学出版社,2012.

[26] 吕超. 房屋建筑工程施工管理与质量控制思路探析[J]. 科研,2019(6):121.

[27] 马艳. 建筑工程安全监督存在问题的解决对策[J]. 消防界(电子版),2016(3):96 - 98.

[28] 苗增光. 建筑工程安全风险管理与评价[J]. 电子测试,2015(16):100 - 101.

[29] 聂一锌. 基于全寿命周期的建筑工程质量监管模式及方法研究[J]. 居业,2017(3):162.

[30] 潘春玲. 建筑工程施工安全管理中的问题及处理对策浅析[J]. 居舍,2019(7):135.

[31] 潘智敏. 浅析 BIM 技术在建筑工程设计中的应用优势[J]. 中国房地产业,2017(29):171.

[32] 彭皓,邱岗. BIM 技术在建筑工程项目中的应用价值[J]. 住宅与房地产,2018(2):197.

[33] 钱忠凯. 建筑工程质量管理[M]. 北京:北京出版社,2014.

[34] 清华大学 BIM 课题组. 中国建筑信息模型标准框架研究[M]. 北京:中国建筑工业出版社,2010.

[35] 邱成军. 建筑工程施工技术及其现场施工管理措施研究[J]. 居业,2018

(1):109.

[36] 邱新源. 加强建筑工程项目管理的措施研究[J]. 建筑工程技术与设计, 2017(8):2401.

[37] 瞿燕燕. 浅谈加强国内建筑工程监理意识的创新途径[J]. 商品与质量, 2017(22):241.

[38] 邵英秀. 建筑工程质量事故分析[M]. 北京:机械工业出版社,2011.

[39] 孙志强. BIM 技术在建筑工程施工管理中的应用解析[J]. 绿色环保建材,2019(6):204.

[40] 唐宏. 建筑工程安全的风险识别及评价方法研究[J]. 城市建设理论研究(电子版),2016(10):3353.

[41] 汪鸣. 浅析建筑工程施工监理难点及对策[J]. 城市建设理论研究(电子版),2017(29):46-47.

[42] 王鹏. 新形势下推进建筑工程管理信息化的重要性探究[J]. 冶金丛刊,2017(3):165-167.

[43] 王世龙,宋晓宇. 试析如何有效提升建筑工程施工技术管理水平[J]. 纳税,2017(29):78.

[44] 王替. 建筑工程施工中常见问题解决[M]. 北京:人民交通出版社,2011.

[45] 王晓亮. 建筑工程安全监督管理的强化策略及意义[J]. 建筑技术开发,2016(9):143-144.

[46] 王耀彬. 有效提升建筑工程施工技术管理水平的方法[J]. 建材与装饰,2018(30):180-181.

[47] 王勇. 高层房屋建筑工程施工安全风险管理研究[J]. 城市建设理论研究(电子版),2018(3):159-160.

[48] 王振,张芳影. 建筑工程管理模式现状及创新发展分析[J]. 门窗,2018(134):57.

[49] 王宗昌. 建筑工程施工质量控制与防治对策[M]. 北京:中国建筑工业出版社,2010.

[50] 温国锋. 建筑工程项目风险管理能力提升模型与方法研究[M]. 北京:经济科学出版社,2011.

[51] 吴伟民. 建筑工程施工组织与管理[M]. 郑州:黄河水利出版社,2010.

[52] 武华东. 建筑工程安全监督管理中存在的问题及对策探讨[J]. 中国管理信息化,2018(3):96-98.

[53] 武文斌,邹鹏尚. 绿色节能施工技术在房屋建筑工程中的应用[J]. 住宅

与房地产,2017(23):229.

[54] 谢莎莎. 建筑工程造价指数体系研究[D]. 张家口:河北建筑工程学院,2015.

[55] 熊一帆,徐海,司乾坤. 房屋建筑工程的施工质量管理中存在的问题及对策[J]. 建筑与装饰,2017(9):83.

[56] 徐海然. 建筑工程施工质量管理改进对策实证研究[J]. 建材与装饰,2017(19):193-194.

[57] 徐蓉. 建筑工程经济与企业管理[M]. 北京:化学工业出版社,2012.

[58] 徐卫兵. 建筑工程施工质量控制及分析方法的研究[J]. 商品与质量,2017(4):270,274.

[59] 薛殿敏. 建筑工程土建施工现场管理的优化策略探究[J]. 住宅与房地产,2017(23):164.

[60] 杨勤,徐蓉. 建筑工程项目安全管理应用创新[M]. 北京:中国建筑工业出版社,2011.

[61] 姚云燕. 论房屋建筑工程施工技术管理措施[J]. 工程技术研究,2017(5):151-152.

[62] 余群舟,宋协清. 建筑工程施工组织与管理[M]. 2版. 北京:北京大学出版社,2012.

[63] 翟秀琴. 当前建筑工程安全管理若干问题浅析[J]. 城市建设理论研究(电子版),2016(3):96-98.

[64] 张丹. 我国建筑工程项目风险类型及风险管理对策研究[J]. 中小企业管理与科技,2018(7):270-274.

[65] 张迪,胡彩虹. 建筑工程进度控制[M]. 郑州:黄河水利出版社,2010.

[66] 张建国. 探析精细化管理在建筑工程施工管理中的应用[J]. 中国房地产业,2017(10):108.

[67] 张少军. 网络通信与建筑智能化系统[M]. 北京:中国电力出版社,2004.

[68] 张栓成. 建筑工程施工细部做法[M]. 太原:山西科技出版社,2010.

[69] 张铁富. 关于建筑工程施工质量管理与安全中存在的问题及策略思考[J]. 名城绘,2020(3):557.

[70] 张志胜. 建筑工程施工技术及其现场施工管理措施研究[J]. 绿色环保建材,2017(8):142.

[71] 智德稳. 建筑工程质量控制的关键问题研究[J]. 建材与装饰,2018(1):36.

[72] 中国建筑业协会工程建设质量管理分会,中国建筑业协会. 施工企业 BIM 应用研究[M]. 北京:中国建筑工业出版社,2013.

[73] 周峰. 移动通信天线技术与工程应用[M]. 北京:人民邮电出版社,2015.

[74] 周国恩,周兆银. 建筑工程施工组织设计[M]. 重庆:重庆大学出版社,2011.

[75] 周鹏,甘斌. 建筑工程安全管理[M]. 青岛:中国海洋大学出版社,2012.

[73] 周小康. 建筑工程施工项目成本管理[M]. 上海:上海交通大学出版社,2015.

[74] 朱建民. 建筑工程安全生产管理的特点和难点[J]. 建材与装饰,2018 (29):203.